工廠叢書 ⑫

U0070354

供應商管理手冊（增訂二版）

秦啟佑　任賢旺 ／ 編著

憲業企管顧問有限公司　　發行

《供應商管理手冊》 增訂二版

序　言

本書是專門針對供應商管理工作而撰寫的實務工具書。

資料統計證明，採購體系每節約 1%就相當於行銷系統增加純利潤 5%，在今天的殘酷競爭環境下，市場行銷部門要增加 5%純利潤會越來越難，而我們向採購體系要節約成本，相對來講則容易很多。

隨著市場競爭的加劇，企業從重視生產、行銷已經逐步發展到重視採購、物流和供應鏈的時代。採購競爭優勢已經成為企業競爭力的一部份。採購流程是否規範，採購效益與效率的高低，直接決定企業的盈利能力和市場競爭力，決定企業的生存和發展。

採購競爭優勢已經成為企業競爭力的一部份。採購流程是否規範，採購效益與效率的高低，直接決定企業的盈利能力和市場競爭力，決定企業的生存和發展。

把規範化管理落實到部門，進面落實到部門的每一個崗位和每一件工作事項上，是企業工作高效執行的前提，也是建立精細化管理體系的有力舉措。針對採購部工作，本書都給出了詳細的管理工具，且將工作流程與工作方案相結合，是採購部進行規範化管理必備的工作

手冊。

　　本書作者長期在深圳、東莞的國營企業、臺商企業從事工廠採購管理工作，多年工作成果加以整理，本書《供應商管理手冊》是增訂二版，從供應商管理概述、供應商的選擇、供應價格、產品供應的品質控制、產品的交期控制、供應商的績效考核以及供應商關係管理等方面，本書著眼於為採購部專門針對供應商的應對方針，提供一套翔實而先進的工具指南，內容涉及採購的各層面，是採購部不可不讀的好書。

　　本書語言淺顯，脈絡簡單清晰，注重實務應用，強調企業採購流程的標準管理，重點突出採購過程中針對供應商的精細化管理，能幫助採購部把握採購的各個環節，最終能以最合理的價格，在最短的時間內，高品質地完成採購任務，企業可在降低企業成本、加速資金周轉和提高企業經營品質等方面發揮著積極作用。

　　本書實用性非常強，可供製造業、服務業、零售業、商業、政府部門、教育機構的管理者、採購經理、採購員，以及新入職的大專畢業生，有志於從事採購管理層面的學習參考。

2023 年 12 月 增訂二版

《供應商管理手冊》增訂二版

目　錄

第一章　供應商管理內容 / 10

供應商為企業提供原材料、設備、工具及其他資源,對於企業採購部門來講,做好供應商的評審工作,加強供應商管理,建立新型的產銷雙方關係成為企業運作順暢的關鍵。

第二章　供應商的管理機制 / 22

供應商經評審成為正式供應商之後,開始進入物資供應運作程序。採購部門應當與供應商協調,建立起供應商運作的機制,相互在工作流程、業務銜接、作業規範等方面建立起一個合作框架。

第三章　供應商的開發與選擇 / 59

開發新供應商應遵循一定的作業流程，經過收集資料、篩選、評估，最終確定適合長期合作的供應商。對於供應商選擇的標準可以因產業、企業規模和經營模式的不同而不同，但為防止過分依賴的風險，應該採用多重採購管道替代單一採購管道。

第四章　供應商的價格管理 / 97

企業進行採購作業時，所需採購物品價格要規範管理。採購規格有差異，價格就可能相差懸殊，採購人員必須掌握市場行情，瞭解採購底價，與供應商有效談判，為企業贏得最大成本節約。

第五章　供應商的品質管理 / 125

供應商品質管理的重要性日益凸現，供應商提供的材料直接關係著企業最終產品的品質。企業應要求供應商實施品質確認，以保證所提供產品滿足所指定的規格，並考慮到社會、環境及經濟方面的穩定和可持續發展。

第六章　供應商的交期管理 / 156

供應商延遲交貨期，對生產現場與其有關部門將帶來有形、無形的不良影響，因此採購方在訂購產品後，應主動監督供應商備料及生產，要積極檢討供應商交貨期延遲的原因，並探討解決辦法。

第七章　供應商的採購合約洽談 / 172

採購洽談是一個博弈過程，而做好採購洽談的準備工作，則是進行正式採購洽談的首要環節，其次要合理安排洽談議程，掌握洽談策略和談判技巧，最終實現雙方利益一致的共同點。

第八章　供應商採購合約的督導作法 / 194

　　供需雙方對合約的內容進行協商，取得一致意見，便正式簽署書面協議，形成採購合約。簽訂採購合約以後，有關供方的生產計劃、製造過程中抽檢、物料的供應等有關作業，為了避免供方無法履約或交貨，企業得以向供方進行督導。

第九章　供應商的績效考核管理 / 216

　　供應商績效考核是一個非常複雜的過程，企業應動態地、適時對供應商進行考核、分級和獎懲。企業也應根據不同供應商制定不同的考核評分要求，以便管理和正確地評估供應商。

第十章　供應商績效考核後的扶持管理 / 252

完成對供應商的績效考核工作後，還應依據供應商績效考核結果，對供應商進行後續處理：進行分層分級、獎懲激勵供應商、協助供應商改善績效等，提高供應商的服務水準，可降低企業採購的風險。

第十一章　企業與供應商之間的關係管理 / 284

供應商關係管理是一種以「建立互助的夥伴關係、開拓和擴大市場佔有率、實現雙贏」為導向的企業資源獲取工程。企業與

供應商之間的關係，包括產品和服務的相互適應、運營銜接以及共同的戰略意圖等，企業與供應商的關係如何，將直接影響供應關係的後續發展。

第 *1* 章

供應商的管理內容

一、供應商的涵義

供應商是指那些向買方提供產品或服務並相應收取報酬的實體，是可以為企業生產提供原材料、設備、工具及其他資源的企業。

供應商管理是指對供應商的瞭解、選擇、開發、使用和控制等綜合性管理工作的總稱。供應商管理是一種致力於實現與供應商建立和維持長久、緊密夥伴關係，旨在改善企業與供應商之間關係的新型管理。

目前採購業務主要圍繞採購過程控制和供應商關係管理兩條線展開，兩者之間透過供應商信譽信息和材料價格信息緊密聯繫著，兩個業務過程的關係是相互依存、相互促進。在業務過程中，採購部門不斷積累供應商信譽狀況，包括供應商對採購需求的回應度、投標狀況、交貨準確率、產品和服務品質、技術支援等內容，不斷「扶優劣汰」，持續考核和評估供應商，逐步建立優質和穩定的供應商體系。

而在持續循環和優化的過程中，供應商不斷提高產品的性價比，緊密與採購方之間的關係；同樣，對於採購方而言，透過建立優質供應商體系，解決了業務開展的資源困擾，不斷提高供應商管理水準，減少對供應商主動維護管理工作，提高採購業務工作效率，逐步打造整體供應鏈管理，實現整體控制，並降低採購總成本。

對於採購部門來講，加強供應商管理，建立新型的購銷雙方關係成為解決上述問題的法寶之一。

二、供應商管理的必要性

1. 做好採購管理工作的重要基礎

毋庸置疑，開展採購工作首先需要一定的供應商資源作為有力支撐。信息時代到處都充斥著大量的信息，人們可以輕易地從通信黃頁、網路等許多管道獲取大量的信息，但如何在真正意義上將信息為己所用，由少變多，由靜至動，由好到優，還需要採購部門切實做好供應商管理工作，建立自身穩定、優質的供應商信息庫，方可做到未雨綢繆。

做好供應商信息管理，需要從以下三個方面入手：

(1)提高信息的可見度

在實際採購業務過程中，各項目以至各採購員都會有自身的供應商資料，而且這些資料有名片、宣傳冊等，形式各異，往往存在交叉和重覆的現象，不利於整體的統籌管理。因此，對於企業而言，需要將所有不同類型的供應商資料進行規範整理，建立統一、規範的供應商信息庫，及時與不同部門進行共用。

⑵提高信息的準確度

信息的準確與否是衡量信息品質的重要因素之一，直接影響到採購工作中的信息應用，因此採購職能部門需要制定規範的供應商信息管理制度，配備相應的管理人員，制訂合理的信息維護計劃和方案，確保信息的準確性。

⑶提高信息的及時性

一方面，採購部門需要加強供應商信息維護的意識，對於供應商變更或增補的信息，促進供應商及時提供並完整地在信息庫中得以體現，才能擴大供應商獲取訂單的機會。另一方面，採購部門也需要將對供應商評審的信息及時在信息庫中進行標示，清晰記錄供應商信譽等級，做到真正意義上「擇優而用」。

2.提升採購經濟效益的要素

提高效益，通常會從「開源」和「節流」兩方面著手。而對於提升採購效益，主要是依靠採購部門從「節流」方面下工夫。採購總成本包括物資採購成本和採購運營成本兩方面，採購部門需要持續控制和降低物資採購成本，減少資源佔用和組織運營成本，降低採購風險，實現採購效益最佳化。

⑴有效降低企業運營成本

在實際採購業務工作中，採購工作運營成本主要包括購銷雙方溝通成本、活動組織成本、人員成本等方面。採購部門要切實做好供應商管理工作，促進供應商主動、持續更新其相關信息，減少供應商信息庫建立和維護的成本；同時注重培育戰略和重要供應商，逐步形成夥伴和合作關係，簽訂長期供貨協議，減少人力資源的佔用。此舉可極大地提高採購工作效率，有效降低採購活動組織成本。

⑵直接控制和降低物資採購成本

在供應鏈管理影響下，採購部門和供應商之間由過去的供需雙方完全對立競爭的落後理念，逐步演變為供需雙方互惠互利、合作共贏和共同發展的新理念。在新型的採購戰略下，採購部門依靠採購規模優勢和與供應商穩定的夥伴關係，促進供應商持續提高自身產品品質和核心競爭力，提供更加實惠的價格和服務，從而有效降低物資採購成本。

三、供應商的功能

供應商是相對發包企業而言的，當某供應商受某企業的委託，根據其提供的設計圖紙或規格來製造和加工某物件時，發包企業與供應商之間便確立了合作關係。

大多數企業不可能將自己企業成品的一切零件，以一貫作業的方式全部都在自己工廠內生產。他們不得不把其中的某些零件，交由供應商來製造，並設法對其加以管理。

企業利用供應商的目的，在於有效利用供應商的資本、設備、技術、勞力，借此生產品質更佳、價格更低的製品。

由於企業之間的競爭日趨激烈，加上企業規模的擴大、製品的分工化、技術的專業化，企業能否善用供應商，直接影響到企業的經營績效。因此供應商的管理便成為企業經營重要的課題。

一般而言，供應商具有下列數項功能：

1. 彌補企業生產能力的不足

企業的生產計劃，通常是根據訂單的狀況以及銷售計劃而定的。為了達到生產計劃，當企業本身的生產能力無法應付生產計劃時，就

應設法由供應商來製造。

企業(廠商)發生生產能力不足的情形，可以分成下列幾種：

⑴突然要增產時

突然增產時，由於情況突如其來，無法在短期內增加設備，因此除了依照原有的生產能力增產外，不足的部份就不得不發包給供應商來生產。

⑵接獲偶發的一次性訂單時

接獲一時的訂單而必須增產時，企業如果為此增產計劃而增加生產設備，往往在經營上會帶來風險，因此，只好把這一增產的部份發包給供應商。

⑶企業資金短缺無法擴充設備時

即使不是一時的增產(將來也要走持續性擴增生產的方針)，由於擴充生產設備要有巨額的資金，有些企業因為一時無法籌措這筆資金，只好把增產的部份，持續地發包給供應商。

⑷擴充設備對企業並無益處時

雖然企業具有擴充設備的資金能力，但是，有時候增加設備反而不如外部採購來得划算。

2.降低企業的生產成本

產品製造所需的一切設備，要做到精良則需要龐大的資金，除了風險增大外，成本也會大大提升，實在不划算。

例如，電機、機械、車輛、相機、鐘錶、縫紉機等的裝配加工業，由於構成產品的零件種類、數目甚多，材質、形狀、規格也是千差萬別，且需靠各自的專門技術與工序的分工才能完成，因此，所需的加工、搬運、檢查、儲存的設備和管理費用，就是一筆相當大的數目。

一家企業要在自己的工廠內，以綜合性、一貫作業的方式生產這

些成品非常困難，而且成本太高。

另外，某些精確度無須太高的零件，或是簡單的加工作業，如果使用企業自身精確度甚高的機器與設備來製造或是加工，生產成本就變得非常高，因此，不如發給小規模的供應商代為加工來得划算。

3.提供特殊設備或專門技術

製造一種產品需要具備一系列機器設備，企業本身若沒有某些特殊設備與技術，就不得不借重外面的專門工廠。

例如，企業生產某種產品時要用到鑄造、鍛造、沖剪加工、電鍍加工、塑膠成型等特殊設備，或是專門技術的零件、加工作業，而企業本身沒有這些設備與技術，就不得不交給外面的專門工廠去製造、加工。

4.穩定或提高企業製品的品質

由於許多零件廠內無法自製，即使能夠自製，也可能品質不穩或品質低劣，於是勢必尋找供應商。因此，對供應商的產品品質調查、樣品試製與認可，以及進料檢驗等，就成為企業品質管理中重要的項目。

四、企業對供應商管理的作用

生產企業應與供應商建立互惠共贏的合作關係，生產企業如果能夠選到合格的供應商，就等於解決了大部份供應問題，即將供應商的產能轉化為了生產企業的助力。因此，對供應商進行管理是生產企業的重要工作內容之一。

生產企業應強化供應商管理，並注意供應商與企業之間的配合。供應商管理的作用如表 1-1 所示。

表 1-1　供應商管理的作用

作　用	說　明
確保潛在供應商能夠得以持續開發	建立一套完整的供應商選擇與認證體系，並依據供應商開發計劃進行供應商的開發與管理，能夠確保潛在供應商的品質和數量
降低成本，提高企業盈利能力	原材料或零件的價格最終會對產品的價格及其競爭力產生影響。出於對利潤的考量，進行產品供應價格分析、加強與供應商的價格協商以及做好供應成本的控制工作，可有效降低生產成本，提高企業盈利能力
確保供應商的交貨品質，	對供應商的品質控制成為企業品質控制的關鍵環節。強化對供應商的品質控制，是為了與供應商通力合作，從而確保原、輔材料的品質，從源頭上保障產品的品質
確保供應商準時交貨	供應商交貨期的延遲，無疑會妨礙企業正常生產活動的順利進行，給生產現場及其有關部門帶來各種負面影響此，透過強化對供應商的交期控制來提高供應商的準時交付能力是供應商管理的核心作用之一
優化供應鏈管理，提高企業的快速回應能力	引入信息技術來輔助供應商管理，實現供應商管理的信息化，有利於轉變企業生產方式、經營方式、業務流程，重新整合企業內外部資源，優化供應鏈管理，以提高企業的快速回應能力
監督並輔導供應商不斷改進不足之處，達到雙贏	結合供應商評比信息和定期考核意見，及時公佈信息（包括各類供應商名錄及意見），可以促進供應商及時改進自身管理和服務水準，提高自身的競爭力
發展和維持企業與供應商的良好合作關係	依據採購物資的類別、重要程度、合作關係的緊密程度，對所有供應商進行分類（包括戰略供應商、重要供應商、普通供應商和備選供應商等），再對供應商進行差異化的關係管理和控制，可以使雙方保持最適宜的合作關係

五、供應商管理的工作內容

在業務過程中，與採購成本直接相關的主要因素是供應商信譽和供應商報價，這兩方面因素的優與劣、高與低勢必影響到採購總成本的高低。如何在業務過程中保證採購部門真正選擇到物美價廉的產品，採購部門需要從以下方面著手：重視供應商全面管理，切實做好供應商的評審工作，加強供應商績效管理，建立規範、透明的供應商管理體系。

1. 主動、有步驟地開發供應商

採購部門需要依據企業年度生產計劃以及供應商信息庫現狀初步制訂供應商開發進度計劃，主動依據計劃進行供應商信息的拓展和置換，以保證合格供應商信息的品質和數量。

2. 嚴格開展供應商評審和選擇工作

採購部門在評審前需要確定評審目標、範圍、細則、流程和評委等，嚴格按照供應商評審的流程對所有擬申請的供應商開展公開、公平、公正地審核，詳細且完整記錄評審意見，而後按照評分結果進行合格供應商的選擇。

3. 業務過程定期和全面評估

在業務合作過程中，制定完整的供應商評價指標，包括供應商的供貨價格、產品品質、服務狀況、企業資質等方面。採購部門應結合需求部門、工程部門、技術和品質部門等評價意見對合作供應商進行評估，以全面掌握合作供應商的績效狀況優勝劣汰，提高優質供應商的比例。

4.及時回饋評估意見，促進供應商及時改進

結合供應商評比信息和定期評估意見，採購部門應及時和公平地公佈信息，包括各類別供應商名錄（終止合作、待改進、優秀等）及意見，促進供應商及時改進自身管理和服務水準，提高自身競爭力。

5.對不同的供應商建立差異化關係管理

採購部門需要依據採購物資的類別、重要程度、合作關係的緊密程度等方面對所有的供應商進行分門別類，包括戰略供應商、重要供應商、普通供應商和備選供應商等，實行分層差異化對供應商進行關係管理和控制。

六、供應商管理的基本流程

供應商管理流程包括多個步驟（如圖 1-1 所示），該過程從確定進行潛在的供應商評估所使用的標準開始，隨後以這些標準為基礎識別和篩選出想要評估的供應商，並為實現評估目標收集相關信息。

採購方應該為不同採購需求的相關評價標準設定不同的權重，並根據這些標準給不同的潛在供應商評定等級，從而得到最終的潛在供應商候選名單。評定等級工作完成後，採購方還要對所選定的供應商的優勢和劣勢進行分析，以預測可以從每一個供應商處得到的服務。採購方必須將評估結構記錄在供應商數據庫內。

採購方應該與供應商分享已評定的結果，以便確定必要時可以採取何種措施幫助供應商發揮其潛力並提高供應水準。

(1)選定備選供應商

備選供應商的數目應多一些。這些備選供應商可以是採購方企業自己去發掘的，也可以是供應商毛遂自薦或透過別人介紹的。對於這

些備選供應商，應按要求進行審核，淘汰那些不符合要求的備選供應
商。

圖 1-1　供應商管理流程圖

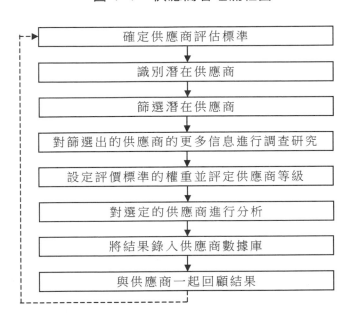

```
┌─ ─ ─►┌──────────────────────────┐
       │      確定供應商評估標準      │
       │      └──────────┬───────────┘
       │      ┌──────────▼───────────┐
       │      │        識別潛在供應商        │
       │      └──────────┬───────────┘
       │      ┌──────────▼───────────┐
       │      │        篩選潛在供應商        │
       │      └──────────┬───────────┘
       │      ┌──────────▼───────────┐
       │      │   對篩選出的供應商的更多信息進行調查研究   │
       │      └──────────┬───────────┘
       │      ┌──────────▼───────────┐
       │      │   設定評價標準的權重並評定供應商等級   │
       │      └──────────┬───────────┘
       │      ┌──────────▼───────────┐
       │      │     對選定的供應商進行分析     │
       │      └──────────┬───────────┘
       │      ┌──────────▼───────────┐
       │      │      將結果錄入供應商數據庫      │
       │      └──────────┬───────────┘
       │      ┌──────────▼───────────┐
       │      │      與供應商一起回顧結果      │
       │      └──────────────────────────┘
       └ ─ ─ ─ ─ ─ ─ ─ ─ ─ ─ ─ ─ ─ ─ ┘
```

(2)備選供應商資質調查

對備選供應商，採購方企業應對其進行資質調查。

(3)樣品試製與確認

在選定供應商之前，採購方企業還應請供應商試製樣品不合格，
則不予認可；如果樣品合格，則予以認可。

(4)價格協商

樣品合格後，採購方企業應與供應商進行價格協商。估價過高的
便應商，不加以採用，仍以備選看待；估價過低的供應商，產品品質
可能得不到保證或者會出現偷工減料的情況。因此，要選擇價格合理

的便應商。

(5)試做訂單

由於供應商與採購方的信用關係尚未建立,為試驗供應商的各種供應能力,此時應以嘗試性的訂單做試驗。試做訂單前,應與供應商明確各種交易條件(價格、品質、交期、包裝、運送、驗收等),作為考核供應商的依據。

(6)交貨驗收

供應商接受嘗試性訂單後,應按時完成產品的生產,並及時辦理交貨事宜,由採購方企業安排專人進行驗收。有些採購方企業的規定較為嚴格,規定必須在供應商處驗收,驗收透過後,方允許供應商派人送至採購方企業交貨。驗收是針對所有交易條件進行的。

(7)績效考核

交貨驗收過程實際上是供應商接受績效考核的過程。成績優異者才能成為正式的供應商。績效考核考察的重點是供應商對所有交易條件的履行情況。

(8)簽約後正式訂單

備選供應商成為正式供應商之後,採購方企業應與其簽訂正式訂單。當然,有些採購方企業的管理比較嚴格,還會再次嚴格檢驗供應商,即再次下嘗試性訂單,各項指標再次達標後才簽訂正式訂單。

七、西門子公司的供應商關係 15 條原則

1. 尋找行業內最好的供應商,在技術成本和產量規模上領先。
2. 所選定的供應商必須把西門子列為最重要的顧客之一,這樣才能保證服務水準和原料的可得性。

3. 供應商必須有足夠的資金能力保持快速增長。

4. 每個產品至少由 2～3 個供應商供貨，避免供貨風險，保持良性競爭。

5. 每個原材料的供應商數目不宜超過 3 個，避免過度競爭使關係惡化。

6. 供應商的經營成本每年必須有一定幅度的降低，並為此制度化。

7. 供應商的訂貨比率取決於總成本分析（包括價格、品質、技術、物流服務等因素進行分析），成本越高訂單比率就越少。

8. 新供應商可以在平等條件下加入西門子的 E-Biding 系統，以得到成為合格供應商的機會。

9. 當需要尋找新的供應商時，西門子會進行市場研究以找到合適的備選供應商。

10. 對潛在供應商要考察的是其生產能力、品質體系、技術背景、生產流程及財務能力等綜合因素。

11. 合格的供應商將參與研發或加入高級採購工程部門的設計。

12. 透過試生產流程的審核，來證明供應商能否按西門子的流程要求，來生產符合西門子品質要求的產品。

13. 透過較大規模的試生產，確保供應商達到 6 西格瑪品質標準以及品質和生產流程的穩定性。

14. 如果大規模生產非常順利，就進一步設立衡量系統（包括品質水準和服務表現）；如果不能達到關鍵服務指標，西門子就會對供應商進行「再教育」。

15. 當西門子的採購策略有變化時，供應商的總成本或服務水準低於西門子要求的時候，供應商的供應資格就可能被取消。

第 2 章

供應商的管理機制

一、供應商管理的機制流程

1. 供應商准入制度

企業在採購過程中必須對眾多的供應商進行選擇,設立供應商准入制度,目的是從一開始就淘汰和篩選掉不合格的供應商,節約談判時間。

供應商准入制度的核心是對供應商資格的要求,包括供應商的產品品質、產品價格、資金實力、服務水準、技術條件、資信狀況、生產能力等。這些條件是供應商供貨能力的基礎,也是將來履行供貨合約的前提保證。這些基本的背景資料通常要求供應商提供,並可透過銀行、諮詢公司等仲介機構加以核實。

在透過對供應商的考核並認定供應商資格達到基本要求後,採購部門應將企業對具體供貨要求的要點向供應商提出,初步詢問供應商是否能夠接受。若對方能夠接受,方可准入,並且將這些要點作為雙

方進一步談判的基礎。這些要點主要包括：品質和包裝要求，送貨、配貨和退貨要求，付款要求等。

2.供應商合理使用機制

供應商經過評審成為企業的正式供應商之後，就要開始進入日常的物資供應運作程序。

與入選的供應商要做的第一件工作，就是簽訂一份企業與供應商的正式合約。這份合約既是宣告雙方合作關係的開始，也是一份雙方承擔責任與義務的責任狀，還是將來雙方合作關係的規範文件。所以雙方應當認真把這份合約書的條款協商好，然後簽字蓋章。協議生效後，它就成為直接約束雙方的法律性文件，雙方都必須遵守。

在供應商使用的初期，採購部門應當與供應商協調，建立起供應商運作的機制，相互在業務銜接、作業規範等方面建立起一個合作框架。在這個框架的基礎上，各自按時、按質、按量完成自己應當承擔的工作。在日後供應商使用的整個期間，供應商當然盡職盡責，完成企業規定的物資供應工作。採購方應當按合約的規定，嚴格考核檢查供應商執行合約、完成物資供應任務的情況。

採購方在供應商使用管理上，應當摒棄「唯我。主義，建立「共贏」思想。供應商也是一家企業，也要生存與發展，因此也要適當贏利。所以不能只顧自己降低成本、獲取利潤，而把供應商「耗」得太慘。因為害慘了供應商，會導致採購方自身物資供應的困難，不符合企業長遠的利益。因此，合作宗旨應當是儘量使雙方都能獲得好處、共存共榮。從這個宗旨出發，採購方應處理好合作期間的各種事物，與供應商建立起一種相互信任、相互支持、友好合作的關係，並且把這個宗旨、這種思想落實到供應商使用、激勵和控制的各個環節中去。

3.供應商評估機制

供應商評估是供應商管理的核心；並且，供應鏈評估的結果將直接決定後續的供應商發展戰略，為企業採購戰略的有效實施提供依據。供應商評估的目的是為了更好地管理供應商，並與供應商一道致力於取得更好的供應鏈績效。而以往的供應商評估往往只側重於判斷供應商是否合格，這就違背了供應商評估的初衷。

企業應該建立一套供應商評估體系，基於統一的評估範疇和評估標準對所有業務領域和經營範圍的重要供應商進行評估並實施有效的管理。一般而言，供應商評估體系應包括評估標準的建立，供應商績效信息的收集統計、打分、公佈評估結果，供應商獎懲以及制定供應商改進目標和措施等。

4.供應商激勵機制

要保持長期的雙贏關係，對供應商的激勵是非常重要的，沒有有效的激勵機制，就不可能維持良好的供應關係。在激勵機制的設計上，要體現公平、一致的原則。

為了保證供應商使用期間日常物資供應工作的正常進行，需採取一系列的措施對供應商進行激勵和控制。對供應商的激勵與控制應當注意以下一些方面的工作：

(1)逐漸建立起一種穩定可靠的關係

企業應當與供應商簽訂較長時間的業務合約，例如 1～3 年。時間不宜太短，太短了讓供應商不完全放心，不可能全心全意為搞好企業的物資供應工作而傾注全力。特別是當業務量大時，供應商會把企業看作是他自己生存和發展的依靠和希望，這就會更加激勵他努力與企業合作。隨著企業的發展，他自己也得到發展，企業倒閉他自己也跟著關門，形成一種休戚與共的關係。

(2)有意識地引入競爭機制

有意識地在供應商之間引入競爭機制，促使供應商之間在產品品質、服務品質和價格水準方面不斷優化而努力。

例如：在幾個供應量比較大的品種中，每個品種的供應可以實行 AB 角制或 ABC 角制。AB 角制就是一個品種設兩個供應商，一個 A 角作為主供應商，承擔 50%～80%的供應量；一個 B 角作為副供應商，承擔 20%～50%的供應量。在運行過程中，對供應商的運作過程進行結構評分，一個季或半年一次評比。如果主供應商的月平均分數比副供應商的月平均分數低 10%以上，就可以把主供應商降級成副供應商，同時把副供應商升級成主供應商。ABC 角制則實行三個角色的制度，原理與 AB 角制一樣，同樣也是一種激勵和控制的方式。

(3)與供應商建立相互信任的關係

建立信任關係包括在很多方面，例如：對信譽好的供應商的產品進行有針對性的免檢，顯示出企業對供應商的高度信任；或不定期召開供需雙方高層的碰頭會，交換意見，研究問題，協調工作，甚至開展一些互助合作。特別對涉及企業之間的一些共同的業務、利益等有關問題，一定要開誠佈公，把問題談透、談清楚。供需雙方彼此之間需要樹立起「共贏」，一定要兼顧供應商的利益，盡可能讓供應商有利可圖。只有這樣，雙方才能真正建立起比較協調可靠的信任關係。

(4)建立相應的監督控制措施

在建立起雙方信任關係的基礎上，也要建立起比較得力的、相應的監督控制措施。尤其是一旦供應商出現了一些問題，或者出現一些可能發生問題的苗頭之後，一定要建立起相應的監督控制措施。根據情況的不同，可以分別采用以下一些措施：

對於那些不太重要的供應商或者問題不那麼嚴重的單位，則視情

況分別採用定期或不定期到工廠進行監督檢查，或者設監督點對關鍵工序或特殊工序進行監督檢查，或者要求供應商自己報告生產條件情況、提供產品的檢驗記錄，用讓大家進行分析評議等辦法實行監督控制。

組織企業管理技術人員對供應商進行輔導，提出產品技術規範要求，促使其提高產品品質水準和服務水準。

5.供應商協助機制

對供應商的扶持，是指因供應商品質不夠好，為使企業本身能夠在較長時期內降低成本和提升品質，對品質和價格相對較低的中小型供應商採取一定的扶持，同時也為供應商管理和品質帶來提升，是一舉兩得的措施。要做好這項工作，在短期內需要投入一定的人力和財力。做供應商扶持的企業，通常是大中型企業，能在較長時間內降低材料成本。

在現代企業關係中，不管是下游的客戶還是上游的供應商，都是企業合作夥伴，都與企業有直接或間接的關係。供應商的品質狀況會直接影響到企業產品品質、成本、效率、形象等，所以每一個企業都希望供應商提供高品質的原材料。但在實際營運中，企業為了降低成本而經常采用品質一般或品質較差的原材料，導致成本與品質的矛盾，因此實行供應商扶持計劃是有必要的。

二、供應商管理的崗位職責

（一）供應商開發與管理的崗位職責

1.招標採購主管的崗位職責

招標採購主管的崗位職責是在採購部經理的指導下全面負責招

標採購的各項工作，建立招標採購工作規範，編制招標文件，開展投標評審，簽訂招標合約等。

⑴參與編制並嚴格執行企業的招(議)標採購管理制度和流程。

⑵制訂採購招標工作計劃並及時組織落實。

⑶負責從邀標、資格預審、考察、標書編制、選型封樣、發標、答疑、回標，到評標、清標、議標、定標等全過程的組織管理工作。

⑷組織招標後合約的談判、起草、評審和簽訂工作，並跟蹤、監督合約的執行情況。

⑸協助進口物資採購手續的辦理及報關報驗工作。

⑹參與採購物資驗收，協助辦理入庫等工作。

⑺嚴格執行招標採購預算，控制採購成本。

⑻收集、整理、審查供應商有關資料，參與供應商及年度合格供應商的評價工作，與供應商保持良好關係。

⑼完成上級交辦的其他工作。

2.供應商管理主管崗位職責

供應商管理主管的崗位職責是在採購鄒經理的指導下建立並完善供應商管理體系，開展供應商的開發、監督、評估、管理工作，協調供應商關係，優化企業的供應商隊伍。

⑴根據企業戰略規劃和年度運營計劃分析資源應市場，制訂並實施供應商開發與管理計劃。

⑵負責定期對供應商的技術能力、品質保證能力、生產及交付能力進行考察與評估，形成評估報什，經審批後傳遞給相關部門。

⑶結合企業運營需求，建立完善合格的供商資料庫。

⑷建立、維護與供應商之間的關係，解決存在的問題。

⑸負責企業採購物資的品質監控與審核，確保採購行為符合有關

政策法規和道德規範。

(6)參與產品的詢價、比價、議價、負責樣品價格的確認與維護工作。

(7)協調、配合部門內部或其他相關部門的工作。

(8)負責指導、培養、監督、考核下屬人員的工作，提高工作效率。

(9)完成上級交辦的其他工作。

3.供應商管理工程師崗位職責

供應商管理工程師的崗位職責是具體執行供應商管理工作，為供應商提供品質控制幫助，對供應商進行評估及考核。

(1)建立、健全供應商評價體系及標準，對供應商進行考核。

(2)瞭解供應商的生產流程和關鍵控制點，協助解決生產過程中或品質控制方面的問題，避免出現品質問題。

(3)與供應商緊密配合，迅速解決供應商產品的品質、交期問題，並不斷提高採購品質。

(4)對各供應商進行準確汜錄，定期分析並及時提出相關問題和改進建議。

(5)對供應商進行考核與評估，並根據供應商的考核結果進行等級管理。

(6)向本部門或其他部門人員提供相關的培訓支持。

(7)完成上級交辦的其他工作。

4.供應商開發專員崗位職責

供應商開發專員的崗位職責是在供應商管理主管的領導下，負責供應南開發的日常管理工作，提高企業對供應商的管理能力。

(1)協助供應商管理主管制訂和實施供應商開發計劃。

(2)負責潛在供應商的拜訪和評估工作，選擇和推薦潛在供應商。

(3)制定和完善供應商開發流程，並監督流程的貫徹執行情況。

(4)協助產品的詢價、比價、議價，負責樣品價格的確認及維護工作。

(5)參與制定和完善供應商開發管理資料庫。

(6)參與供應商定期評價活動。

(7)完成上級交辦的其他工作。

5.供應商管理專員崗位職責

供應商管理專員的崗位職責是協助供應商管理主管處理相關日常事務，建立並完善供應商檔案庫，協助進行供應商開發，維護與供應商的關係，及時完成上級安排的工作任務。

(1)負責協助供應商管理主管進行供應商關係的維護與拓展工作。

(2)定期開展市場行情調查、收集整理市場信息，彙報供應商情況及編制分析報告。

(3)完善供應商檔案庫，保證數據及時更新和正常使用。

(4)協助供應商管理主管處理與供應商的關係以及其他日常行政事務。

(5)協助供應商管理主管對供應商供貨、品質、交期和售後服務工作進行監督。

(6)配合供應商管理主管利用各種方式及管道掌握供應商情況及市場動態。

(7)定期檢查採購記錄，檢驗採購員是否在合格供應商處進行採購。

(8)協助供應商管理主管拜訪供應商及不定期回訪合作的供應商。

(9)定期對市場進行調查，收集整理市場信息，彙報供應商情況及編制分析報告。

⑽完成上級安排的其他工作。

（二）採購價格、談判與合約管理的崗位職責
1. 採購合約主管的崗位職責

採購合約主管的主要職責是，制定採購價格、採購合約的管理制度和管理流程，組織實施採購價格分析，參加採購談判以及採購合約的簽署、執行。

⑴協助採購部經理建立採購價格和合約管理體系，為實施採購建立執行、控制機制。

⑵組織制定公司採購合約管理制度、採購價格管理制度及談判制度。

⑶建立採購價格管理、談判管理以及合約管理流程，編制和統一合約範本。

⑷組織實施合約價格調查與分析，開展詢價和議價工作。

⑸負責合約談判、合約簽署以及合約執行工作。

⑹檢查合約執行情況，預測合約履行風險，並制定風險防範措施。

⑺指導談判資料、價格資料和合約文件的整理、匯總和歸檔。

⑻完成採購部經理交辦的其他工作。

2. 合約管理專員的崗位職責

合約管理專員主要職責是根據採購合約制度和流程，具體實施各項價格分析、談判和合約執行工作，協助採購合約主管防範合約風險。

⑴協助採購價格和合約管理體系的建立、完善和更新工作。

⑵協助採購合約主管制定公司合約策略、價格分析流程和談判流程，編制合約範本。

⑶協助建立採購價格管理、談判管理以及合約管理流程，起草合

約範本。

⑷收集採購價格信息，實施採購價格調查活動，編寫採購價格調查報告。

⑸協助採購合約主管起草合約文本，確定主要合約條款。

⑹參與合約談判工作，執行合約風險防範措施。

⑺整理、匯總談判資料、價格資料和合約文件。

⑻主管臨時交辦的其他工作。

（三） 採購檢驗與品質控制的崗位職責
1. 採購品質控制主管的崗位職責

採購品質控制主管主要負責企業所採購的原材料、儀器設備、零件、外協件等的品質檢驗工作，保證所購物料品質優良，符合企業生產需要，保證企業經濟利益。

⑴負責制定各類採購貨物的品質檢驗標準和品質檢驗規範，並監督落實。

⑵參加採購計劃會議，提出採購物料的供應商品質保證條款。

⑶編制各類採購物料的品質檢驗方案並組織實施。

⑷妥善處理所購貨物出現的品質異常情況，並提出處理意見。

⑸對供應商、協作廠商的交貨品質進行整理、分析和評價。

⑹對各類購進的原材料、零件等的規格、品質提出改善意見或建議。

⑺檢驗儀器、量規和試驗設備的管理和保養。

⑻定期對供應商品質的保證能力進行評定，提出改善建議。

⑼建立企業各類需採購物料品質標準檔案，關注新技術、新產品的發展。

⑩協助採購專員評估供應商及其提供的樣品品質的評定。

⑾完成採購部經理臨時交辦的其他工作。

2.採購檢驗專員的崗位職責

採購檢驗專員的主要職責是在採購品質控制主管的領導下,具體實施採購貨物檢驗方案,填制檢驗報告單。

⑴協助採購品質控制主管制定各類採購貨物檢驗標準和檢驗規範。

⑵協助採購品質控制主管編制具體採購貨物品質檢驗方案並實施。

⑶按照相關品質檢驗標準,協同使用部門人員對採購貨物進行品質檢驗。

⑷按照公司規定的程序實施檢驗工作,防止不合格產品入庫並投入使用。

⑸識別和認真記錄各類貨物的品質問題,填寫《檢驗報告單》,做好品質原始記錄。

⑹定期對所檢貨物的品質情況進行統計分析,形成報告並上報。

⑺協助採購專員,定期對供應商進行評估,對供應商提出品質改進建議。

⑻對於不合格產品提出處理意見。

⑼檢驗儀器、量規和試驗設備的維護與保養。

⑽完成上級交辦的其他工作。

三、供應商管理的各種工作流程

1. 供應商開發流程

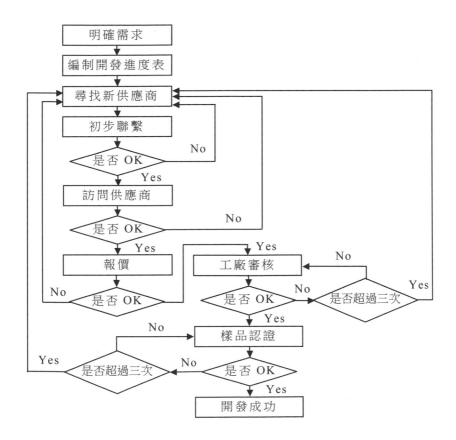

2.供應商選擇流程

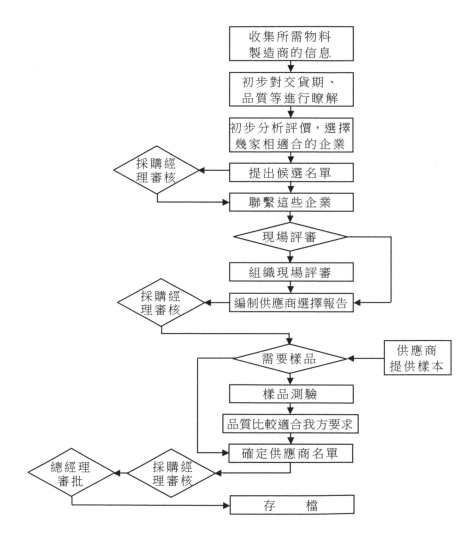

3.供應商初審流程

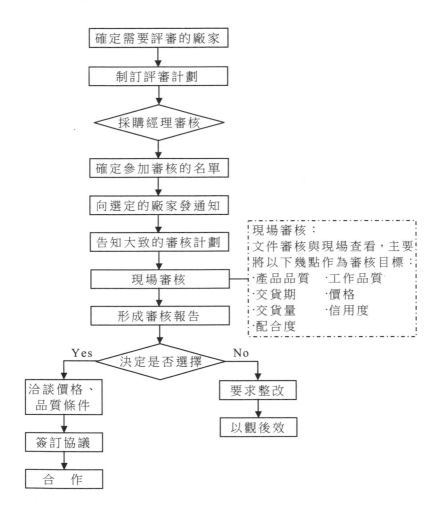

4.採購招標流程

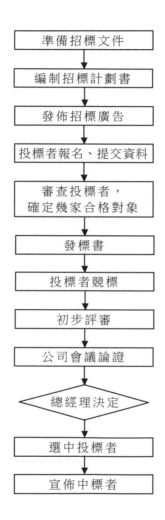

準備招標文件

編制招標計劃書

發佈招標廣告

投標者報名、提交資料

審查投標者，
確定幾家合格對象

發標書

投標者競標

初步評審

公司會議論證

總經理決定

選中投標者

宣佈中標者

5.供應商等級評定流程

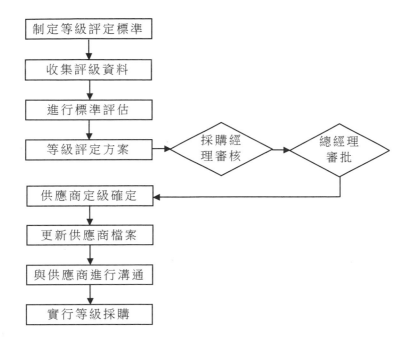

6.供應商認證流程

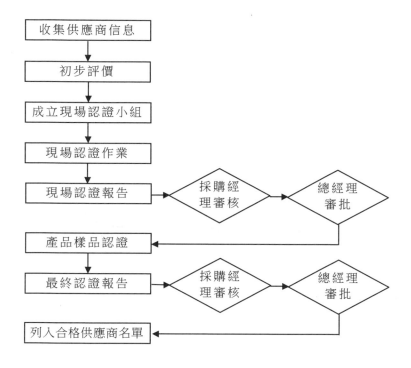

收集供應商信息

↓

初步評價

↓

成立現場認證小組

↓

現場認證作業

↓

現場認證報告 → 採購經理審核 → 總經理審批

產品樣品認證 ←

最終認證報告 → 採購經理審核 → 總經理審批

列入合格供應商名單 ←

7. 採購價格調查流程

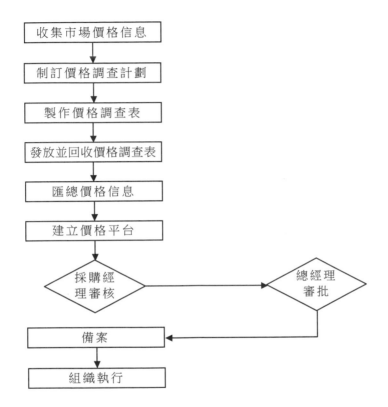

8. 採購價格詢價流程

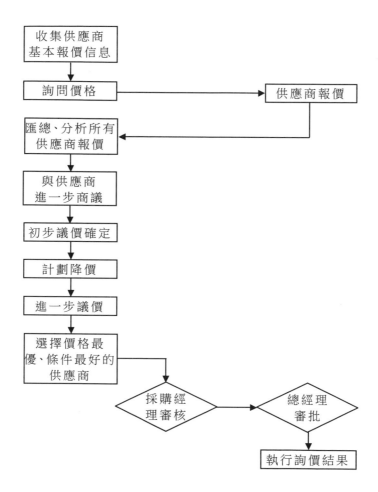

9. 採購價格確定流程

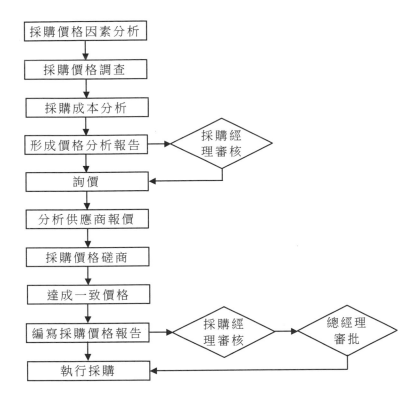

10.採購談判管理流程

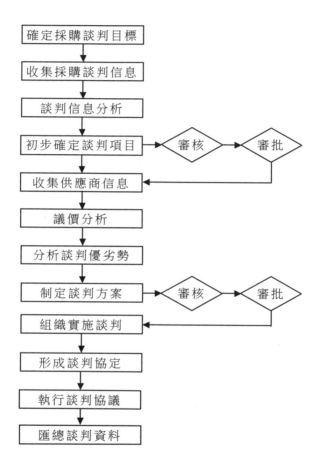

11. 採購合約制定流程

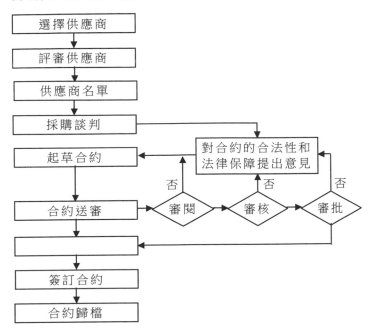

12. 採購合約復審流程

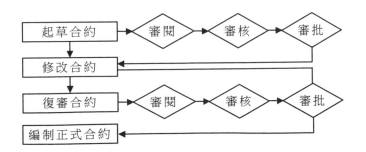

13.採購合約執行流程

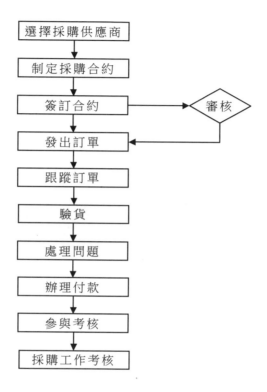

14.採購合約變更流程

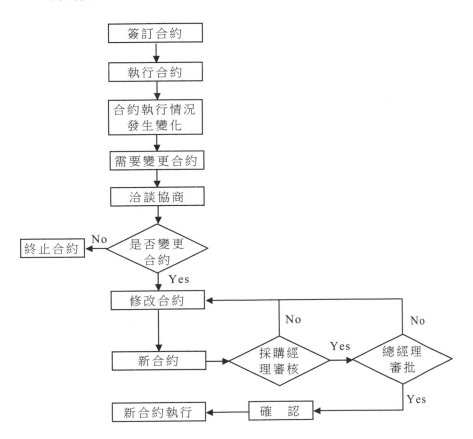

15.採購檢驗管理流程

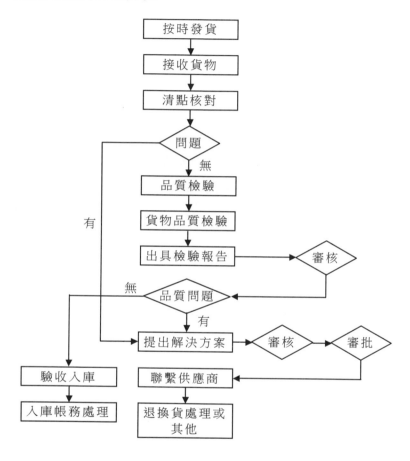

16. 採購品質控制流程

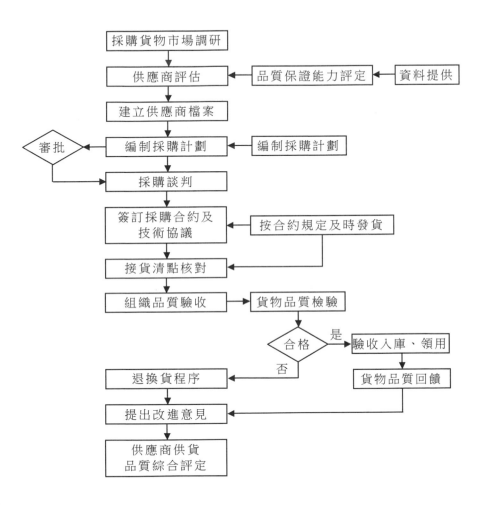

17.採購退貨管理流程

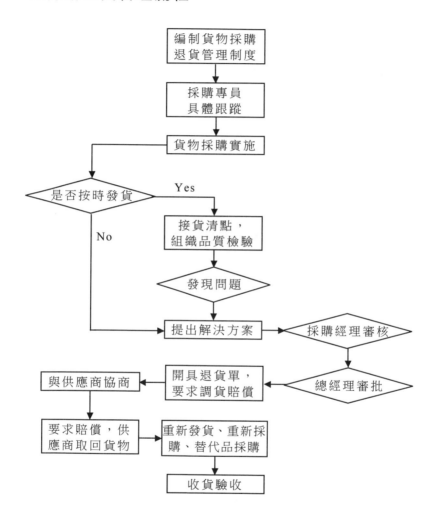

18.供應商考核流程

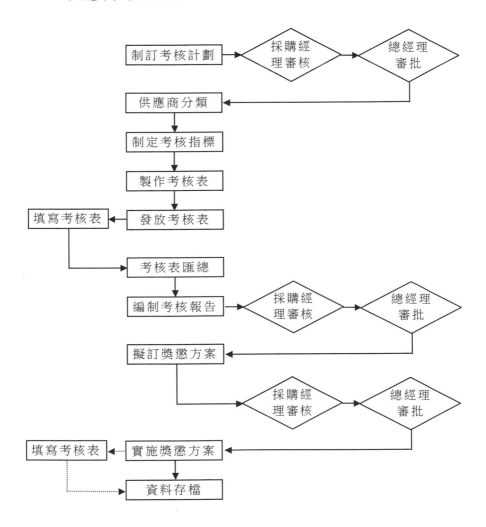

19.供應商控制流程

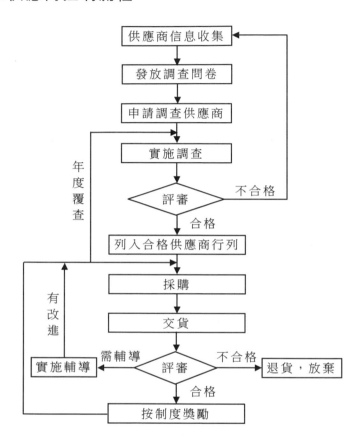

四、採購招標流程

（一）目的

　　為保證所採購的物資、設備價格合理，符合規定的品質與工期要求，以及保證採購招標按照公開、公平、公正、競爭擇優原則進行，特制訂本程序。適用於本企業進行採購公開招標與邀請招標以及評標過程。

（二）流程內容

1. 編制招標報告

⑴按照採購計劃審批權限向公司主管提交招標報告。

⑵招標報告具體內容包括：招標內容、招標方式、招標方案、招標計劃安排、投標人資質（資格）條件、評標方法、評標小組組建方案以及開標、評標工作的具體安排等。

2. 採購招標程序

⑴編制招標文件

①招標文件的主要內容如下表所示。

②合約條件（通用條款和專用條款）。

③技術規定及規範（標準）。

④物資數量、採購及報價清單。

⑤安裝調試和人員培訓內容。

⑥其他需要說明的事項。

表 2-1　招標文件主要內容

內　　容	具體文件形式及要求
招標通知	招標公告或招標邀請書
招標人須知	招標項目概況信息表
招標項目介紹	項目名稱、規格、型號、數量和批次、運輸方式、交貨地點與時間、驗收方式
招投標規定	有關招標文件澄清、修改的規定
	投標文件的編寫要求、密封方式及保送份數、投標有效期
投標人資料要求	有關資格和資信證明文件格式、內容的要求
投標要求	投標報價、報價編制方式、與報價單同時提供的資料
標底	標底確定的方法
評標與中標	評標的標準、方法和中標原則
遞交投標文件	文件的方式、地點和截止時間，以及與投標人進行聯繫的人員姓名、位址、電話、電子郵箱
投標保證金	投標保證金的金額、交付方式
開標	開標時間安排與開標地點

(2)對外發佈招標信息

①在規定日期接受投標人編制的資格預審文件及資料。

②向資格預審合格的供應商發售招標文件。

(3)開標

①開標方式的選擇，大多選擇公開開標方式。

②確定開標時間、地點。

③開標前確認投標供應商身份。

④開標前檢查投標書的密封情況。

⑤開標時應宣佈供應商名稱、各投標的總金額、有無折扣或投標

保證金等。

　　⑥對於沒有開封或開標時沒有宣讀的投標均不得考慮。

　　⑦開標後，不允許投標人改變其投標條件。

　(4) 評標

　　①接受供應商對招標文件有關問題要求澄清的函件，對問題進行澄清，並書面通知所有潛在投標人。

　　②組織成立評標小組。

　　‧採購部組織人員成立評標小組。

　　‧由供應商主管擔任評標小組的負責人。

　　‧編制評估小組備案表。

　　‧小組內部明確、統一評標標準。

　　③在規定的時間和地點，接受符合招標文件要求的投標文件。

　　④組織採購招標評標會。

　　⑤鑑定投標文件。

　　⑥分析投標文件。

　　⑦進行比價、議價。

　　⑧編制評標報告。

　(5) 定標

　　①從評標小組推薦的中標供應商中，確定中標供應商。

　　②發送中標通知書，並將中標結果通知所有投標供應商。

　　③進行合約談判，並與中標供應商簽訂書面合約。

（三）附錄

評估小組備案表。

表 2-2　評估小組備案表

項目名稱					
招標機構名稱			招標備案編號		
評標開始時間		結束時間		開標時間	
小組負責人		評估小組人數		專家人數	
初審評估人員名單					
序號	姓名	職務	聯繫方式	評審意見	
現場評估人員名單					
序號	姓名	職務	聯繫方式	評審意見	
專家人員名單					
序號	姓名	專業領域	聯繫方式	評審意見	
備註：					
招標機構：（公章）　　　　　　　　小組負責人簽字： 日期：　年　月　日　　　　　　日期：　年　月　日					

五、汽車製造公司的採購流程

第一步：潛在供應商評審。

是指現場評估供應商是否能達到對管理體系的最基本要求。具體程序：採用根據 QS9000 制訂的潛在供應商評審文件形式，必須在選定供應商之前完成。

第二步：選定供應商。

是指供應商評選委員會批准合格廠商的程序。由 S 汽車製造公司的供應商開發及供應商品質部門，對全球範圍內的供應商審核潛在供應商評審結果，評估各候選供貨來源，批准或否決建議——在必要的情形下批准整改計劃，簽署決議文本。

第三步：產品品質先期策劃和控制計劃。

是指為確保產品能滿足客戶的要求而建立一套完整的品質計劃。要求所有為 S 汽車製造公司供貨的供應商都必須針對每一個新零件執行「產品品質先期策劃和控制計劃」程序。具體程序是根據客戶的要求和意見，按以下各階段進行：計劃並制訂步驟；產品設計與開發；技術設計與開發；產品及技術驗證；回饋，評估及整改措施。

第四步：投產前會議。

是指與供應商進行交流以明確零件品質合格及持續改進的要求。具體程序是透過供應商與客戶有關人員在產品開發小組會議上進行密切的交流以對品質，生產能力和進度等要求進行研討並取得認同。

第五步：樣件審批或工裝樣品認可(OTS)樣件審批。

是指 S 汽車製造公司規定的樣件審批規程。適用於需提供新樣件

的所有供應商。具體程序：由客戶提供對樣件的檢驗清單；供應商得到有關提供樣件要求的通知；供應商得到相關要求；供應商提交樣件和按客戶要求等級提供文件；供應商會得到提交樣件審理結果的通知；批准「用於樣車製造」/「可用於樣車製造」/「不可用於樣車製造」。

第六步：正式生產件評審程序。

是指關於正式生產件得以審批的一般產業程序。程序：供應商嚴格按照正式生產件審批程序(PPAP)中規定的各項要求執行。

第七步：按預定能力生產。

是指實地驗證供應商生產工序有能力按照預期生產能力製造符合品質及數量要求的產品。程序：進行風險評估；決定「按預定能力運行」的形式(由供應商監控/由客戶監控)；通知供應商安排時間；完成「按預定能力運行」程序；後續工作及進行必要的改善。

第八步：初期生產次品遏制。

是指供應商正式生產件審批程序控制計劃的加強措施，初期生產次品遏制計劃與產品先期品質策劃及控制計劃參考手冊中的投產前控制計劃是一致的。程序：作為品質先期策劃之組成部份，供應商將制訂投產前控制計劃，控制計劃是 PPAP 正式生產件審批程序的要求之一，在達到此階段放行標準之前必須按該計劃執行。

第九步：持續改進。

是規定供應商應有責任來編制一套能實行持續改進的程序。程序：所有供應商必須監測其所有零件的品質工作情況並致力於持續改進，持續改進的程序目標在於減少生產加工的偏差和提高產品的品質，供應商應著重於聽取用戶的意見和工序的回饋，以努力減少工序波動。

第十步：成效監控。

是指監測供應商品質成效，促進相互交流和有針對性的改進。目的是為了提高品質成效回饋，以促使重大品質問題的改進。範圍：適用於所有的供應商。

第十一步：問題通報與解決(PRR)。

是為促進解決已確認的供應商的品質問題而進行交流的程序。程序：識別——如經現場人員核實，問題源於供應商不合格，立即通知供應商；遏制——供應商必須在 24 小時內針對不合格品遏制及初步整改計劃作出答覆；整改——供應商必須判定問題的根源並在 15 內就執行整改措施，徹底排除問題根源的工作情況作出彙報；預防——供應商必須採取措施杜絕問題復發，事發現場須核實這些措施的有效實施情況，以關閉 PRR 程序。

第十二步：發貨控制——一級控制。

是用於處理 PRR 未能遏制程序。程序：由 S 公司向供應商提出，供應商在發貨地遏制品質問題外流。

第十三步：發貨控制——二級控制。

是由客戶控制的遏制程序。程序：由 S 公司制的遏制程序，可在供應商、S 汽車製造公司或第三方現場執行，費用由供應商承擔。

第十四步：品質研討。

是指在供應商現場進行品質研討，解決具體品質問題。程序：在研討會期間，著重於付諸實踐，有效地解決問題，並採取持續改進的一系列措施；記錄現場，廣泛提供各種改進意見，評估，試驗並記錄改進的結果。

第十五步：供應商品質改進會議。

是指供應商和全球採購高級管理層會議(執行總監級)。程序：S

汽車製造公司陳述品質問題，資料和已採取的措施；供應商介紹整改計劃；就是否將此供應商從 S 汽車製造公司供應商名單中除名作出決定(除非在品質成效和體系上作出令 S 汽車製造公司滿意的改進)；制訂並監控整改計劃。

　　第十六步：全球採購。

　　是指在全球範圍內尋找有關產品在品質、服務和價格方面最具有競爭力的供應商。程序：由於不能解決品質問題，主管供應商品質部門通知採購，開始尋求全球採購；採購部門開始全球採購程序。

第 3 章

供應商的開發與選擇

一、開發新供應商的流程

採購部在開發新供應商時，應遵循一定的作業流程。

1. 開發計劃

對企業需求或潛在需求的物料、外協件、設備，負責部門主管應視輕重緩急的次序及實際狀況制訂供應商開發計劃並進行任務安排。

對於目前公司暫時不需求，但在可預見的將來可能出現的相關需求信息，技術部門及時通報採購部門做準備。

2. 信息收集

開發人員在平時的工作中，應注意各種管道（如上網、電話簿、商業報刊雜誌、工商名錄、朋友介紹、同行探討、廣告等）獲取供應商初步信息，並建立供應商檔案。

如要求開發的供應商在平時的收集信息中有所欠缺時，開發人員有責任在計劃規定的期限內收集到有關的信息。

開發人員應從所收集到的供應商檔案中選擇較適合與企業長期合作的供應商進行查詢。

圖 3-1　認證供應評估過程

流程圖	責任人			
	統稱	物料	外協	設備
供應商開發計劃	負責主管	物料主管	生管主管	設備主管
供應商信息收集	負責人員	採購員	外協管理	設備開發
詢價	負責人員	採購員	外協管理	設備開發
信息回饋	供應商	供應商	供應商	供應商
篩選 NG	負責部門	採購員	生管部	生管部
議價/核價 OK	負責人員	採購員	外協管理	設備開發
供應商確定	供應商評審委員會			

3.查詢作業

⑴查詢時應有計劃、有步驟地將企業對物料需求的有關事件告知給對方。具體如下：

- 物料名稱、規格、包裝要求；
- 品質要求及不良品處理；
- 數量、時間；
- 交貨地點；
- 運輸要求及費用承擔；

‧ 違約責任；

‧ 付款條件；

‧ 保密要求。

⑵與供應商接觸過程中，應要求對方提供下列資料：

‧ 企業簡介；

‧ 產品範圍、名稱、規格、測試指標說明；

‧ 主要供應企業：

‧ 供應商評審表；

‧ 價格構成表。

‧ 必要時要求提供樣品進行認定。

⑶對於上述資料，某些供應商可能不能或不願提供，供應商開發人員應努力要求，不得已時方可降低要求，但資料提供不齊全廠家可視為服務不週在篩選時列人考慮。

⑷重要或大宗的採購應向 3 家以上供應商進行查詢。

4. 篩選作業

供應商開發人員應將從供應商處所查詢到的信息整理成供應商條件比較表與供應商開發部門主管一起進行初步篩選，從中篩選出重點議價對象。

⑴篩選供應商對以下因素進行綜合考慮：

‧ 價格是否合理？

‧ 品質能否達到企業的要求？是否具備品質保證能力？

‧ 交貨是否有保障？

‧ 生產能力能否符合企業要求？

‧ 服務品質如何？

‧ 財務狀況是否穩定？

‧ 採購條件優惠與否？

‧ 技術指導的能力足夠嗎？

⑵當採購項目對企業影響事關重大時或供應商位址較為鄰近,能很方便地進行考察時,供應商開發部門應提出考察計劃,呈清批准後進行考察。

⑶考察期間,考察人員應嚴守採購紀律,不得違反。

5.議價作業

針對篩選出的重點議價對象,供應商開發人員應利用以下各種談判方法來獲取有利於本企業的商業條款:

⑴讓對方瞭解我方有足夠的選擇餘地,甚至其中有對方的主要競爭對手。

⑵以未來大批量購買或長期合作的可能性要求對方。

⑶透過對其成本的分析讓對方降低條件。

⑷借助企業內部的壓力要求對方。

⑸指出本企業與其他企業相比較的優勢。

⑹初步確認供應商。

供應商開發部門應將最終議價結果整理後,呈送供應商評審委員會確定供應商。

6.雙方簽訂合約

二、開發供應商的方案

(一)方案規劃

為規範供應商開發流程,使之有章可循,特制定本方案。本公司新供應商的開發工作,除另有規定外,悉依本方案執行。

(二)供應商開發權責

1. 採購部負責供應商的開發工作。技術部、品質管理部負責供應商樣品的確認。品質管理部、技術開發部、生產部、採購部組成供應商調查小組,對供應商進行調查與評核。

(三)供應商開發流程

1. 尋找供應商。
2. 填寫供應商基本資料表。
3. 與供應商洽談。
4. 必要時作樣品鑑定。
5. 供應商問卷調查。
6. 提出供應商調查評審的申請。

(四)尋找供應商資訊

新供應商資訊來源的途徑一般有以下十種。
1. 各種採購指南。
2. 新聞傳播媒體,如電視、廣播、報紙等。
3. 各種產品發表會。
4. 各類產品展示(銷)會。
5. 行業協會。
6. 行業或政府的統計調查報告或刊物。
7. 同行或供應商介紹。
8. 公開徵詢。
9. 供應商主動聯絡。
10. 其他途徑。

(五)填寫供應商基本資料表

採購部向供應商發送「供應商基本資料表」（如 3-1 表），由供應商填寫。

(六)實施供應商問卷調查

1. 問卷設計

問卷設計由採購部負責，品質管理部、技術部等部門協助。設計問卷時應注意以下五點事項。

(1)依本公司需要設計內容及格式；

(2)盡可能掌握、瞭解供應商的資訊；

(3)易於填寫；

(4)通俗易懂；

(5)便於整理。

2. 供應商調查

《供應商問卷調查表》一般包括材料零件確認、品質驗收與管制、採購合約、付款方式、售後服務、建議事項，具體如表 3-2 所示。

(七)其他後續工作

依供應商調查規定，由供應商調查小組負責對供應商進行實際調查及評審，確定其可否列入合格供應商之列。

表 3-1　供應商基本資料表

供應商編號：		填寫日期：＿＿＿年＿＿＿月＿＿＿日							
名稱			地址						法人
聯繫人			電話						
傳真			E-mail			網址			
公司概況	資本額	萬元	機器設備	名稱	台數	廠牌規格	購入時間	購入成本	性能
	建廠登記日期　＿＿年＿＿月＿＿日								
	營業執照								
	往來銀行								
	開始往來時間								
	停止往來時間								
	所屬協會團體								
	協力工廠數								
	協力工廠利用率								
	平均月營業額								
材料來源	材料名稱	供應商	備註	員工	職能	人數	幹部數	員工數	大學及以上	高中	平均月薪
主要產品	名稱	比例	名稱	比例	主要客戶	名稱	比例	名稱	比例

表 3-2　供應商問卷調查表

供應商名稱：　　　　　編號：　　　　　____年____月____日

項目	調查項目內容	瞭解程度狀況
材料零件確認	1. 您對本公司樣品確認流程是否瞭解	□瞭解　　□不瞭解 □請求當面溝通瞭解
材料零件確認	2. 您對本公司認定的材料交貨依據的規格及樣品是否瞭解	□瞭解　　□不瞭解 □請求當面溝通瞭解
材料零件確認	3. 您對本公司認可的樣品是否持保留意見，從而為後續品質管理提供依據	□有保留　□未保留 □請求當面溝通瞭解
品質驗收管制	1. 您對本公司質檢標準與方法是否瞭解	□瞭解　　□不瞭解 □請求當面溝通瞭解
採購合約	1. 貴公司目前的產品產量能夠應付本公司的需求嗎？	□可以　　□不可以 □需設法彌補
付款流程	1. 您對本公司的付款條件、手續是否瞭解？	□瞭解　　□不瞭解 □請求當面溝通瞭解
售後服務	1. 發生品質問題時，您一般主動與那一部門或主管進行溝通	□品質管理部　□技術部 □採購部　　□總經理
建議事項		

三、廣泛開發新供應商

　　採購部不應滿足於原有的供應商，而應不斷地開發新的供應商，以便尋求更多更好的供應來源。同時也應加強與供應商的合作關係，力求達到夥伴合作關係。

1. 關於供應商的信息來源

　　瞭解供應源是有效採購的基本前提。一般情況下，主要的信息來源有商品目錄（印刷品、電腦、微縮膠片）、行業期刊、各類廣告、供應商與商店介紹、Internet、銷售記錄、學校、業務聯繫以及採購部門自己的記錄等。

(1)商品目錄

　　眾所週知，供應商商品目錄包含了公司所需的大部份物料信息，它是管理良好的採購辦公室中的必備之物。這種目錄的價值主要依賴於表達形式（採購方最無法控制的一方面），其中物品是否已準備就緒、隨時可取，以及信息使用情況等。

　　分銷商的商品目錄從各式各樣的製造源及其報價單，到分銷商所屬領域內的各種可獲得物品目錄，無所不包。機器設備目錄則提供新貨的供應源產品規格及地理位置信息。

　　商品目錄通常提供價格信息。許多物品與物料都以標準價目表所列價格售出，報價單只報折扣率。商品目錄往往還是部門經理與工程人員重要的參考書。

　　目錄中的物料既編成索引，又做成文件（這可不是件容易做的事），其有效性是一個大問題。目錄規格各式各樣，裝訂的也不同，不大方便攜帶。

相應的目錄索引很重要。有的公司用電腦或微縮膠片文件；有的則用文件夾，中間是專用於目錄文件歸檔的活頁；還有的用卡片索引。索引的建立一般根據供應商或產品名稱。總之，應該專業、明確、易懂。

(2)行業期刊

行業期刊也是一個潛在供應商的信息源。當然，這種出版物的名單很長，出現在裏面的各種信息價值也很不相同。然而，在每一個領域中都有值得一看的行業雜誌，採購方需要廣泛涉獵與自己行業，以及採購與供應領域相關的讀物。期刊有兩種用途，一是內容研究，它不僅能增加採購方的信息量，還能介紹新產品和替代產品。行業雜談則向人們提供供應商及其人員信息。第二種則是廣告，連續不斷地熟讀這種出版物中的廣告，是所有的熱心採購者自我培養起來的好習慣。

(3)商業介紹

商業介紹是另一種很有用的信息源。但它們在準確性與有用性方面差別很大，使用時必須格外地小心。

商業註冊簿即商業介紹，是一本大書，列出一些製造商的位址、分支機構數、從屬關係、產品等，有時還會列出這些企業的財務狀況及其在本行業中所處的地位。此外，書中還會列出商標名稱與製造商名稱，並分類列示用於出售的物料、物資、設備及其他項目，每項下面則是供應源的名稱與地址。

商業註冊簿的分類索引做得很好，既可以按商品名稱、製造商名稱，也可以按商標名稱查找。電話號碼本中的黃頁也能提供當地供應商名錄。

(4)銷售代表

銷售代表可能是公司能夠接觸到的最有價值的信息源之一，他們能為公司提供供應源、產品型號、商業信息等方面的參考。一個精明的採購者必定在不影響其他工作的前提下，盡可能多地注意銷售代表。發展好的供應商關係非常重要，而這種關係往往始於對供應商銷售人員友好、謙遜、共鳴、坦誠的態度。採購企業不能浪費任何一點時間。探訪之後，將電話與所獲新信息記下來。有些採購方以個人名義探望所有來過辦公室的銷售代表，另外一些採購方由於沒時間或其他工作壓力而無法這樣做，但他們也會確保每一名來訪者受到接待，而不使其感到受了冷遇或拒絕。

2.銷售代表與採購者的交往

許多組織針對採購部門與供應商銷售代表之間的關係，都有明文規定和行為指南。採購與物料管理部門要和世界各地的人打交道，他們有自己的一套供應商與採購商關係準則。當然，所有準則都應出於供應商與採購商達成對雙方公平合理的商業交易的要求。因此，謙遜、誠實、公平非常必要，採購人員務必以這種方式反映組織意願。

一般情況下，採購人員應該及時看望供應商，在所有方面表現出誠實可信；與其談論採購過程的所有細節以便達成完全一致的理解；除非有合適機會，否則，不要向供應商要求報價；使規格說明公正、清晰、富有競爭力；尊重供應商對所有秘密信息的保密；不要不適當地利用供應商失誤；與供應商共同解決他們面臨的困難，在爭議發生時迅速協商、合理判斷。

在拒絕購買時，採購方一定要坦誠謙遜地陳述拒絕意願，同時做出合理的解釋，但不要洩露機密。回信要快，並以迅速、完整、真實的信息處理樣本、測試和報告。最後，所有行為準則都強調，除了嚴

格的商業責任之外，一定不要強迫供應商承擔額外責任。

有時，銷售代表會盡力避免採購行為，因為他們認為這樣對己方更有利。假如供應商獲得了一份採購定單，其內容不清晰，雙方也未就此達成協議，那麼就可能引起企業內部的紛爭，甚至可能引發對銷售代表的憤恨。短期收益極有可能變成長期損失。儘管採購人員很希望自己能夠多瞭解有關組織運作、機器設備、物料及其特殊需要等方面的信息，有資格對銷售代表與技術人員提出實用的建議或忠告。但事實上，採購人員通常不具備技術人員所具有的專業知識背景。

因此，通常情況下，供應商必須將建議告訴有能力處理它們的人。然而，新供應商接觸任何組織中最恰當人選的最好辦法仍然是透過採購人員。

供應方職員與採購單位中的非採購人員有大量經常性的直接交往關係。直接接觸並不是供應商選擇決策的必備部份，但在有效締結與維持良好的工作關係時卻非常關鍵。

來自任何供應源的信息，只要有價值就應該記錄。有一種比較常見的記錄形式就是供應商文件，它們通常記錄在小卡片或簡單的電腦文件中，並按供應商名稱分類。這種文件包括供應商位址、與本公司的定貨記錄、供應商績效評價記錄，以及其他任何對採購商有價值的相關信息。

另一種有價值的記錄是商品文件，物料在其中根據產品分類。這種文件的信息與過去採購的產品供應源有關，也許是支付價格、裝運地點、與供應商文件的交叉索引等。還有可能是其他的各種信息，諸如是否要求了產品規格，是否已有一份包括現有項目的合約，是否普遍要求具有競爭力的報價，以及其他重要數據，供應源相關文件是那些與價格及其他記錄有關的文件。

3. Internet

隨著 Internet 與萬維網的發展，採購信息量大大增加了。

(1)走訪供應商

有些供應人員認為，在沒有問題需要解決的時候走訪供應商特別有用。供應管理者能夠和更高級的主管人員談話，而不僅限於和直接解決具體問題的那些人接觸。這有助於各層管理部門鞏固良好關係，瞭解更多供應商未來發展的信息。如果不加強接觸，這類信息根本到不了採購方手中。這種訪談政策確實增加了許多常規走訪中不會發生的問題，例如由誰進行走訪，如何才能以最佳方式獲取有價值信息，如何使用已獲取信息等。

經驗表明，為了達到最佳走訪效果，應該：

①事先想好需要搜集那些信息；

②出發前儘量收集公司信息，包括一般信息和專業信息；

③訪談一結束，就寫出詳細的調查報告。如果訪談是經過週密計劃了的，它所發生的直接費用與回報相比就會顯得很小。

(2)樣本

除了對潛在供應商的例行調查和工廠走訪以外，還需要測試供應商的產品樣本。有人可能會想到，這裏最主要的就是所謂的「樣本問題」。通常情況下，新產品的銷售代理會催促採購方接受一件樣本拿回去測試。這樣問題就來了，諸如接受什麼樣本，如何保證樣本測試的公平性，誰來承擔測試費用，是否需要向供應商回饋測試結果等。

(3)同事

組織內部非採購部門的同事往往是關於潛在供應商的有價值的信息來源。採購請求上可能留有一塊空白，填寫請求方要求的潛在供應源。

4.縮短名單

利用上述信息源,採購方應該製成一張可用供應商名單,必要的物項可以從他們那裏取得。下一步則是縮短名單,使它易於操作,只留下最有可能的供應商。從縮短了的名單中,應該能選出最優供應源(當然,如果多於一個更好)。顯然,對供應源的研究分析範圍取決於成本以及所涉及細項的重要程度。對許多價格不貴,用量又小的細項來說,進行任何調查工作都是不明智的。

把潛在供應商數目減少到可用水準,或增加新供應商(新產品的供應商或已有產品的新供應商),都必須對每個供應商資格進行充分地研究和調查。研究計劃必須事先擬訂,然後再一點點擴大。整個過程需要採購方統一需求,用戶代表與技術(如工程、品質控制、系統、維護等)部門協調一致,以非正式團體、正式團體或特別工作組的形式來進行。

表 3-3　防止供應商壟斷的方法

序號	方法	內容說明
1	全球採購	採購人員進行全球採購,得到更多供應商的競價時,可以打破供應商的壟斷行為
2	多找一家供應商	獨家供應一般有兩種情況,一種是供應商不只一家,但只向其中一家採購;另一種是只有一家供應商。針對前者,可採用多家供應商採購規避風險;針對後者,可採用開發新的供應商或替代品來控制
3	控制採購成本	採購人員可以說服供應商在採購的非價格條件上做出讓步來消除其壟斷,而採購總成本中的每個因素都可能使供應商做出讓步,如送貨的數量和次數、延長保修期、放寬付款條件等

4	一次性採購	採購人員預計採購商品價格可能上漲時,根據相關的支出和庫存情況,權衡將來價格上漲的幅度進行一次性採購,可避免供應商壟斷
5	利用供應商壟斷形象	利用供應商壟斷地位需要注重維持形象的特點來應對供應商壟斷
6	增強相互依賴性	透過多給供應商一些業務,提高供應商對採購方的依賴性
7	更好地掌握信息	採購人員要清楚地瞭解供應商對採購方的依賴程度。如果供應商離不開採購方,採購人員就可以利用優勢要求降價
8	協商長期合約	當長期需要某種商品時,採購人員可以考慮與供應商訂立長期合約,保證供應商持續供應和對其價格的控制,並採取措施預先確定商品的最大需求量以及需求增加的時機
9	與其他用戶聯手採購	與其他具有同樣商品需求的公司聯合採購,由一方代表所有採購商採購。這種方式一般應對產出不高、效率低下的獨家供應商
10	讓最終客戶參與	採購人員與最終客戶合作,讓其瞭解只有一家貨源的難處以及可替代產品的信息,擺脫壟斷供應商的控制
11	未雨綢繆化解控制	如果供應商在市場上享有壟斷地位,甚至仗勢壓人,採購人員不具備有效的手段與其討價還價時,還可透過以下方法進行處理:虛實相間的採購策略;多層接觸,培養「代言人」;加強個人採購技巧與措施的學習等

表 3-4　供應商篩選標準表

序號	篩選標準
1	供應商的產品或服務範圍是否能夠滿足公司的需求？
2	供應商的產品或服務是否滿足公司的最低品質要求？
3	供應商是否能夠以公司所需的最小/最大數量提供產品或服務？
4	供應商是否能夠按照公司要求交貨？
5	供應商的營業年限是否滿足公司的要求？
6	公司所接觸的有關供應商的信息中，是否反映出供應商存在某些問題？
7	供應商是否與公司的競爭者之間存在任何合夥關係？
8	對公司來講，供應商的規模是否過大或過小？
9	供應商是否擁有以 Internet 為基礎的電子商務設施？
10	供應商是否與公司使用同種語言？
11	價格表所列價格是否在公司可接受的價格範圍內？
……	……

　　在完成了一個或幾個階段的篩選工作後，公司採購部就可以獲得一個有限數量的供應商名單，這些供應商將是公司進一步全面評估供應商的對象。

四、收集潛在供應商資料

　　選擇供應商，應先收集下列的資料：

1. 專業技術能力

主要對供應商的技術水準進行評估，包括以下三個方面的內容。

⑴技術人員素質的高低。

⑵技術人員的研發能力。

⑶各種專業技術能力的高低。

2.考察品質控制能力

品質是對供應商調查的重點,評估供應商的品質水準可從下列八個方面進行。

⑴品質管理組織是否健全,品質管理制度是否完善。

⑵品質管理人員素質的高低。

⑶檢驗儀器是否精密及維護是否良好。

⑷原材料的選擇及進料檢驗是否嚴格。

⑸操作方法及制程管制標準是否規範。

⑹成品規格及成品檢驗標準是否規範。

⑺統計技術是否科學以及統計資料是否真實。

⑻品質異常的追溯過程是否程序化等。

3.管理能力

⑴供應商的管理者如何?工作是否有效?對企業的合約是否感興趣?

要瞭解一個供應商可以透過給他們寄詢問表,徵求他們的意見,同時,限他們在規定的時間段內回覆。那些對企業的提議感興趣的供應商就會在短期內給企業答覆函,同時還會有高級經理的親筆簽名。而那些對企業不感興趣的供應商會拖得很晚才給企業一個答覆,而且隨便簽上一個助手的名字便打發廠事。

⑵供應商的組織結構如何?是否存在一個品質管理實體?品質經理對誰負責、向誰彙報工作?注意,品質經理以前是不是生產部經理?質管人員會像保護他們自己公司那樣維護客戶的利益嗎?

如果能到供應商的公司參觀一下，那一定要留意管理者的辦公環境。如果文件在桌子上和椅子上堆得老高，如果辦公室總是不斷地有喧鬧和混亂的場面，可以肯定，你的合約也會遭受到相同的命運。

(3)管理者的經驗如何呢？他們在簽錯文件的時候是不是很慌亂？或者他們能夠直截了當地面對問題並很好地解決它們嗎？如果不花上一段時間和他們相處，將很難直接作出判斷。

(4)管理人員的態度如何？他們是否相信犯錯誤是不可避免的？他們能向客戶證明「沒有一家店可以保持一塵不染」嗎？或者他們是否能證明自己的大腦中有「缺陷預防」的理念？他們是否贊同零缺陷的工作哲學？

如果供應商的管理人員是積極的，認為履行合約應以一定數量的花費為限，應照原定進度進行，同時仍然能夠生產出符合要求的產品，那麼這個供應商是可以考慮的。

(5)供應商對於「研究和開發」的態度是怎樣的？

4.對合約的理解能力

只有一種方法能保證簽訂合約的雙方都能對合約有恰當的理解：雙方同時坐下來逐字逐句地研究，每一項規格要求、每一類裝運要求、每一種單據要求都應該進行討論，這樣才能達成雙方真正意義上的意見一致。

買賣雙方必須建立一種適宜的溝通管道，一切相關事宜最好都以書面形式表達出來。因為雙方的人員都會有所變化和流動，所以書面文件更顯得重要。

5.設備能力

在為企業生產產品時，供應商將會使用什麼設備？機器或技術程序是否已具備？它們會不會同時短缺？這一切考察者都有權利知道。

6.過程能力

許多企業都已經制定並驗證了文件化的過程,核心的問題是必須掌握過程策劃能力。

過程策劃應該包含一些小的事件,應該具有能夠解決許多小問題的秘訣,這些小問題雖然單獨看來似乎無足輕重,合在一起卻往往決定計劃的精確度。要確認供應商對每一個過程在付諸使用以前,證明它是否能夠讓質管部門滿意;是否有持續的評審流程,以確保該過程不經過相似的證明不得有所改變。

7.產品衡量和控制能力

在供應商的工廠中,產品不符合要求的程度是什麼樣的?是否知道問題出在那裏?是否能預測下一批產品的情況?

錯誤的代價是金錢。返工和報廢最終將由企業承擔,所以唯一的答案在於「缺陷預防」。即使有時候不能預防一個缺陷的首次出現,但仍可以確切地預防它的再次發生。

一家等到產品已經下線才去衡量其符合標準的程度或表現的工廠,並不是管理有道的工廠。當然,起碼應該有一個記錄核對總和測試機構用來發現不符合項,透過針對生產缺陷來消除問題和錯誤,工廠便可以用較小的成本生產出符合標準的產品,而且,這種隨時記錄的方法也便於不斷地檢查。

8.採取糾正措施的能力

直接面對供應商,詢問他們發現一些事情做錯時如何處理的方法。他們如何能使這類事件不再發生?他們是否真正在意這類事件?

9.以往績效的記錄能力

企業以前和他們做過生意嗎?他們的經營狀況如何?造成不良績效的原因是什麼?再回過頭去,檢查曾經引發問題的地方,看是否

已經採取了改正措施。

如果採購方按這幾個步驟對一些備選供應商進行評估,將很快在頭腦中形成對他們能力的評價。

考察供應商需要投入人力,因此,就會增加產品成本。下列一些情況可不必對供應商進行考察,直接錄取即可:

(1)凡品質管理體系透過第三方認證的供應商,不必對其品質保證體系進行考察。

(2)凡經過國內、國際認證合格的產品,不必考察供應商。

(3)被同行業其他大戶列入「合格供應商名單」中的供應商,可不考察。

五、供應商調查方案

(一)方案規劃

為瞭解供應商的生產能力、品質管理功能等,確認其是否有提供符合成本、交期、品質之物料的能力,特制定本方案。

本方案適用於擬開發供應商調查以及本公司合格供應商的年覆查。

(二)供應商調查內容

對供應商的調查主要包括十個方面的內容,即財務能力調查,生產設施調查,生產能力調查,成本調查與分析,管理能力調查,品質體系調查,態度調查,績效評估,銷售戰略調查,貿易政策。

(三)供應商調查程序

1. 採購部實施採購前,應組織供應商調查小組對擬開發的供應商進行調查,以確定其合格供應商資格。

2. 供應商調查小組在對供應商實施調查評核時,須如實填寫「供應商調查表」。

3. 各部門應根據評估結果提出建議,供總經理核定。

4. 未經調查認可的供應商,不得列為本公司的供應商。

(四)供應商調查評估

(五)供應商覆評

1. 對經調查認可的合格供應商,原則上應每年覆評一次。

2. 覆評流程同首次調查評核流程。

3. 覆查不合格的供應商,不可列入次年「合格供應商列表」內。

4. 若供應商的交期、品質、價格或服務產生重大變異,可於一年內,隨時對供應商作必要的覆評。

六、調查供應商

完成供應商篩選後,手中會擁有一些供應商名單,再針對目標供應商要進行詳細的供應商調查。

供應商調查過程可以分成三個階段:第一階段是資源市場分析,第二階段是供應商初步調查,第三階段是供應商深入調查。

1. 資源市場分析的內容

資源市場分析的目的,就是指導企業進行資源市場的選擇和供應商的選擇。

資源市場分析的內容包括：

⑴確定資源市場是緊缺型市場還是富餘型市場，是壟斷性市場還是競爭性市場。

⑵確定資源市場是成長型市場還是沒落型市場，如果是沒落性市場，則要趁早準備替換產品。

⑵確定資源市場總的水準，並根據整個市場水準來選擇合適的供應商。

2.對供應商的初步調查

⑴初步供應商調查的目的

初步供應商調查的目的，是為了瞭解供應商的一般情況，而瞭解一般供應商的目的，一是為了選擇最佳供應商做準備，二是為了瞭解掌握整個資源市場的情況，因為許多供應商基本情況的匯總就是整個資源市場的基本情況。

所謂供應商初步調查，是對供應商的基本情況的調查。主要是瞭解供應商的名稱、地址、生產能力、能提供什麼產品，能提供多少，價格如何，品質如何，市場佔有率有多大，運輸進貨條件如何等。

⑵初步供應商調查的特點

初步供應商調查涉及的內容淺，只要瞭解一些簡單的、基本的情況；同時該階段的調查面比較廣，最好能對資源市場中所有各個供應商都有所調查、有所瞭解，從而能夠掌握資源市場的基本情況。

⑶初步供應調查的方法

初步調查的基本方法可以採用訪問調查法，透過訪問有關人員而獲得。例如，可以訪問供應商單位市場部有關人員，或者訪問有關用戶，或有關市場主管人員，或者其他的知情人士。進行供應商初步調查可以透過訪問建立起供應商卡片，企業在選擇供應商時可以透過供

應商卡片來選擇。當然,供應商卡片也要根據情況的變化經常進行維護、修改和更新。

(4)供應商分析的主要內容

產品的品種、規格和品質水準是否符合企業需要,價格水準如何等,都需要考慮。只有產品的品種、規格、品質水準都適合於企業,才算得上企業的可能供應商。對可能供應商有必要進行下面的分析:

① 企業的實力、規模如何,產品的生產能力如何,技術水準如何,管理水準如何,企業的信用度如何。

② 產品是競爭性商品還是壟斷性商品。

③ 供應商相對於本企業的地理交通情況如何,進行運輸方式分析、運輸時間分析、運輸費用分析,看運輸成本是否合適。

3.對供應商的深入調查

在完成了對供應商的初步考察之後,公司會選擇其中少數幾家供應商做進一步的深入調查工作,尤其是在下面兩種情況下:第一種是準備發展成緊密關係的供應商;第二種是關鍵零件產品的供應商。在選擇這兩類供應商的過程中,對供應商的實地考察至關重要。在審核團隊方面,必要時可以邀請品質部門和技術工程師一起參與,他們不僅會帶來專業的知識與經驗,共同審核的經歷也會有助於公司內部的溝通和協調。

在實地考察中,著重對其管理體系進行審核,如作業指導書等文件、品質記錄等,要求面面俱到,不能遺漏。比較重要的有以下項目:

⑴銷售合約評審,要求銷售部門對每個合約評估,並確認是否可按時完成;

⑵供應商管理,要求建立許可供應商清單,並要有有效的控制程序;

⑶培訓管理，對關鍵崗位人員有完善的培訓考核制度，並有詳細的記錄；

⑷設備管理，對設備的維護調整有完善的控制制度，並有完整的記錄；

⑸計量管理，儀器的計量要有完整的傳遞體系，這是非常重要的。

在考察中要及時與團隊成員溝通，在結束會議中，總結供應商的優點和不足之處，並聽取供應商的解釋。如果供應商有改進意向，可要求供應商提供改進措施報告，做進一步評估。

七、確定供應商範圍

採購經理在選擇供應商時必須考慮以下幾方面的因素：技術水準、產品的品質、生產能力、價格、服務水準、信譽、結算條件、地理位置、交貨準確率、提供產品的規格種類是否齊全、同行企業對供應商的評價、供應商的管理水準以及供應商是否願為企業構建庫存等。

在實際工作中採購經理在選擇供應商時主要應考慮的有三大因素：供應商的產品價格、品質和服務。

1.供應商的產品價格

供應商所提供產品的價格是選擇供應商的一個重要方面。任何企業都希望本企業所採購的物料是質優價廉的。在採購過程中，絕大多數的供應商都會盡可能地隱瞞自己的成本結構和定價方法。因此，採購經理的第一個基本任務就是揭開供應商的定價方法及成本構成的面紗。企業可以對供應商提供的價格進行綜合考察，比較每個供應商的價格，針對不合理的成本消耗進行分析改進，從而選出價格性能比

最佳的產品，從而達成有利於自己的合理的採購價格。

2.供應商的產品品質

產品品質的把關是採購中非常重要的一個環節。供應商的產品品質水準對任何一個企業或任何一項購買活動都是至關重要的。選擇供應商工作的基礎恰恰就是合格的物料項目品質。物料項目品質包括：樣件物料品質、批量物料品質。

如果一個供應商的樣件物料品質較高，但是其批量物料品質不盡如人意的話，這個供應商不能成為企業優先考慮的供應商，充其量只可以作為樣件供應商來使用。

3.供應商的服務

服務認證作為認證供應商的一個必要條件，需要對它進行比較全面的描述。日常生活用品及企業物料項目的採購都涉及售前售後服務。人們經常在街上、電子商場、百貨商場、高級賓館裏，發現有人在演示一個新產品的應用過程，表面上似乎是在教你如何使用這個產品，而實際上是在進行一種促銷活動。假如你願意，你可以得到產品的資訊，包括產品說明、製造過程或材料規範、免費培訓等，這就是售前服務。此項目可增加採購經理關於所採購產品的專業知識，對將來的採購決定大有幫助，而且這種服務通常是由賣方免費提供的。售後服務則是指賣方提供機器、設備等的安裝或維護，操作或使用方法的教育培訓，運送及退還產品等。而通常的售後維修服務除非仍在賣方的保證期限內，否則會酌情收費。

八、選擇供應商的標準

（一）佈局規劃

企業為了長遠的發展或在供應鏈上更有保障，往往會對供應商的地理位置佈局、各行業供應商的數量、各供應商在其本行業中的大小、供應商性質等內容做一份詳細的規劃，便於採購工作更有方向和目標。具體的規劃內容為：

1.供應商的地理位置佈局

供應商地理位置佈局是指企業與供應商在地理上的分佈狀態。一般來說，供應商的生產基地最好在企業的附近；若較遠，一般可以與供應商協商溝通，讓其在企業附近設一個倉庫。

2.供應商的數量

各行業供應商的數量是指在具體的各種材料中，其供應商的數量需要多少個，如一般用得較多的材料，為了可以形成良性的競爭機制，一般要選擇三個以上的供應商。在做規劃時一般要對本企業的材料按 ABC 分析法先分等級，對每一類材料在一定時期內選定幾個主要的供應商，其他供應商也要下一些訂單，以用來維持關係，同時還可以備急用。

3.供應商的大小

在選定供應商的規模時，一般也講究「門當戶對」，即大企業的供應商最好也是相對大型企業，至少也不能小於中型企業；而中型企業的供應商一般都為中小企業，如選擇相對大型的企業，則不利於企業對供應商的方針與策略的實施，但也不宜選擇「家庭作坊」式的企業，這樣難以保證品質。

（二） 選擇供應商的標準

採購部門在選擇供應商時講求的是選擇優質供應商，優質供應商有那些準則？應符合那些標準？雖然，對於供應商選擇的標準可以因產業、企業規模和經營模式的不同而不同，但供應商選擇的標準具有一定的普遍意義。同樣，無論企業與供應商建立的僅僅是短期的採購關係，或是想和供應商發展成為長期的合作夥伴關係，對於供應商的選擇，一般都應該考慮的標準由以下幾個因素決定：

供應商關係好壞主要有以下幾個方面：信任、適應、交流以及協作等。據此以及供應鏈管理的特點，選擇供應商時應主要考察以下幾個方面：

⑴價值＋成本節約。購買某項新技術或外包服務的主要動力在於降低成本。所以，能否降低成本是首要的，但最重要的還在於那些基於銷售額的指標的財務數據，諸如銷售增長或產量等，這才是體現最終價值的數據。

⑵優異的性能。這對於優秀的供應商來說是起碼的事情。事實上，優秀的供應商經常能夠主動超越客戶對他的要求，換句話說，追求卓越是現代優質供應商的新特徵。

⑶完善的服務。完善的服務對好的供應商是不可缺的，尤其是針對第三方物流（3PLs）以及其他物流領域來說，能夠提供優質的全方位服務的供應商就很有競爭力。許多公司的規模隨著與供應商合作的越來越緊密而呈現縮減的趨勢，這意味著它們更多地依賴於供應商提供實施、培訓、技術維護或相關服務。提供全方位支援已經變得與技術或服務本身同樣重要。

⑷可靠性。如今的客戶對服務水準的要求越來越高，因此，從某種意義上來說，新技術或服務供應商就必須提供絕對的可靠性，這一

點在買家眼裏沒有討價還價的餘地。

　　⑸解決問題的能力。在任何一條供應鏈中，不可預測的問題和風險是客觀存在的。因此，供應商是否願意並有實力解決突發事件就成為一項重要的衡量指標。對突發事件的快速解決能力和靈活性對供應商來說是一項優勢。

　　⑹全球性。由於供應鏈已經帶有全球的屬性，幾乎所有的企業都在尋求能讓它們與世界各地的貿易夥伴進行接觸和交易的技術與服務，現代的優質供應商必須趕上這個潮流。

　　⑺符合法律法規要求。越來越多的行業受到政府法律法規的制約，而且這些制約有越來越複雜的趨勢，小小的失誤就可能導致巨額罰款，甚至引起法律訴訟。因而，那些能夠處理諸如安全問題、貿易條例、勞務糾紛、法律事務的技術或服務問題的供應商將有更多的需求。

　　⑻增長性。優質供應商本身是一個不斷增長的企業，它們能夠跟隨其客戶公司和市場的發展腳步，有實力的跨國企業都願意同這樣的供應商結成聯盟合作。

　　供應鏈夥伴的選擇一般可在現有的合作夥伴中進行篩選，也可尋找其他合作夥伴。考慮到供應鏈夥伴之間的合作更加緊密、相互之間也更加依賴，供應鏈夥伴的選擇應該是一個長期考核、篩選的過程。一方面，供應鏈夥伴要打破採購商/供應商之間的籬笆，促使製造商與更少的供應商結盟，這已經成為一種趨勢；另一方面，如果過分依賴某一個供應商會使得供應商過於強勢，而且一旦供應商無法如期履約，公司將遭遇慘重的損失。

　　為防止過分依賴的風險，應該採用多重採購管道替代單一採購管道。在選擇供應鏈夥伴時應採取單一/多重混合型，以單一為主，儘

量減少合作夥伴；以多重候補，防止過分依賴所帶來的風險。

九、對供應商進行分析

對供應商分析是指選擇供應商時對許多共同的因素，如價格、品質、供應商信譽、過去與該供應商的交往經驗、售後服務等進行考察和評估的整個過程。對供應商進行分析時，考慮的主要因素有以下幾點：

1.價格

連同供應商提供的各種折扣一起考慮，它是最為顯而易見的因素，但也並不是最重要的。

2.品質

企業可能願意為較高品質付較多的錢。

3.服務

選擇供應商時，特殊服務有時顯得非常重要，甚至發揮著關鍵作用。

4.位置

供應商所處位置對送貨時間、運輸成本、緊急訂貨以及加急服務的回應時間等都有影響。

5.供應商存貨政策

如果供應商隨時保有備件存貨，將有助於設備突發故障的解決。

6.柔性

供應商是否願意及能夠回應需求改變，接受設計改變等也是需要重點考慮的因素。

對納入考察的供應商進行比較，比較的內容包括：單價、交貨期、

付款方式、技術水準、品質保證能力、服務品質、財務狀況、技術水準等。

7.建立供應商資料庫

對於供應商的資料，應建立一個相應的資料庫，而且這些資料要隨著情況的變化呈動態性的增刪。建立供應商資料庫通常會運用到供應商資料卡、合格供應商名冊。

十、供應商篩選方案

（一）總體規劃

1.目的

(1)通過評估篩選，尋求最佳供應商。

(2)降低採購成本，保證供應商提供的產品能滿足本公司的要求，促使本公司產品的品質穩定。

2.適用範圍

本方案適用於所有有意向向本公司提供產品及服務的供應商，對採購人員的採購工作提供指導。

3.職責

(1)採購部負責採購物資的計劃、分類及供應商資料的收集、整理，供應商選擇、供貨價格談判、採購合約簽訂等全過程的組織與管理工作。

(2)品質管理部協助供應商管理主管對供應商產品品質進行檢驗、評估，同時跟蹤、監督合格供應商的品質情況。

(3)採購部、品質管理部共同對供應商作出評定，選擇合格供應商。

4. 篩選時機

(1)在本公司有新產品採購需求時。

(2)現有的合格供應商不能滿足企業的採購需求時。

(3)現有的合格供應商因發生重大品質事故而停產整頓或有重大變更時。

(4)現有的合格供應商在審核中不合格且在限期整改後未通過，需要更換供應商時。

（二）供應商篩選評價指標體系

在對供應商進行篩選、選擇時，採購部應根據所收集的供應商資料及初步評審結果填寫供應商篩選評分表，對供應商進行打分，得分高者選定為候選供應商。供應商篩選評分表如下表 3-5 所示。

（三）供應商篩選程序

1. 供應商資料收集

(1)採購部、物料部依據產品生產需求及市場有關信息收集目標供應商的詳細資料。

(2)應收集的供應商原始資料包括但不限於以下內容；

①本公司上一年向該供應商採購物資的總量；

②本公司自今年初以來向該供應商採購物資的數量；

③該供應商的基本情況，包括發展戰略、銷售代理擴張情況；

④該供應商的年銷售額及本公司的採購量佔其總銷售額的比例；

⑤該供應商在本地域的發展預測；

⑥可獲得的該供應商的信用狀況、理賠及涉訟記錄；

⑦該供應商的價格敏感程度，供貨的及時準確性以及其客戶服務

與客戶評審政策；

⑧該供應商產品品質控制體系及生產組織、管理體系；

⑨如果是初次接觸的供應商，則應按供應商調查要求收集供應商的各種原始依據；

⑩其他可收集到的數據。

表 3-5　供應商篩選評分表

評選考核項目	具體指標	分數	實際得分	小計	總計
產品品質水準	物料、來件的優良品率	5 分			
	品質保證體系	5 分			
	樣品品質	5 分			
	對品質問題的處理承諾	5 分			
交貨能力	交貨的及時性	5 分			
	擴大供貨的彈性	5 分			
	樣品的及時性	5 分			
價格水準	優惠程度	4 分			
	消化漲價的能力	4 分			
	成本下降的空間	4 分			
技術能力	技術的先進性	5 分			
	後續研發能力	5 分			
	產品設計能力	6 分			
	技術問題的反應能力	4 分			
後援服務	零星訂貨保證	5 分			
	配套售後服務能力	5 分			
	運距	5 分			
人員配置	品質團隊	3 分			
	員工素質	3 分			
現有合作狀況	合約履約率	3 分			
	年均供貨額外負擔和所佔比例	3 分			
	合作年限	3 分			
	合作關係融洽程度	3 分			

2.對供應商的初步評審

(1)原始資料由採購部負責統計和分析，並進行初評，填寫「供應商篩選評分表」。

(2)根據本公司的具體需求，供應商一般應滿足以下條件：

① 通過 GB/T19001-2000 品質管理體系認證，具有較強的品質保證能力；

② 產品技術先進合理，生產、檢測、試驗設備齊全；

③ 在行業內具有一定的競爭優勢；

④ 具有較強的產品設計研發能力；

⑤ 企業生產經營及財務狀況良好，具備良性發展的潛力；

⑥ 產品價格合理；

⑦ 售後服務良好。供應商只有符合上述條件，才能進入下一輪的評審，以節省供應商評定成本。

3.供應商產品檢測

採購部向供應商提供採購物料的有效技術資料(至少包括技術部的技術圖紙、品質管理部的《進料檢驗控制標準》)，要求供應商提供樣品，送採購品質控制主管及品質管理部進料檢驗專員進行檢驗(檢驗時應以《原材料檢驗規程》為依據)，檢驗完畢後，品質管理部進料檢驗專員應將檢驗結果填入相應的「供應商產品品質評價表」，並及時將該表返回採購部。

4.供應商產品試用

通過產品檢測的供應商，採購部可向其試定小批量樣品，送生產部試用。試用完畢後，生產部需及時將試用結果填入相應的「供應商品質評價表」，並將該表返回採購部。

5.供應商現場評審

(1)現場評審條件。產品檢測及試用合格後,由現場評審小組,對候選供應商進行現場考察及評審。

(2)現場評審小組的人員構成。現場評審小組一般由採購總監或其授權人員(可以是品質管理部經理或採購部經理)任組長,企業內審員、技術開發部經理、生產管理部技術工程師及其他相關的事業部人員任組員。

(3)現場評審頻率及時間。供應商現場評審是半年評審,現場評審時間一般為 6 月___日、12 月___日,遇休息日順延。

(4)現場評審內容。現場評審內容主要包括以下六個方面:

①品質體系管理能力;

②實物品質;

③財務狀況;

④產品研發能力;

⑤技術保證能力;

⑥交貨服務能力。

(5)供應商的原始資料、初評意見、「供應商等級變動申請表」等相關資料需提前兩天提交現場評審小組組長。

(6)考察結束後,指定授權人員(一般為品質管理部經理或採購部經理)匯總現場評審結果,經採購總監審核確認後,簽發《供應商政策執行通知書》(機密級),並由採購部與財務部負責執行。

(7)產品供應商確認。採購部負責對現場評定合格的供應商進行匯總後,列出「合格供應商名單」,呈報採購總監及總經理批准。審批通過後,採購部可根據企業採購的實際需要與合格供應商簽訂供貨合約。

（四）簽訂供貨合約

1. 供貨合約簽訂程序

⑴採購貨品分類。

⑵編制採購計劃。

⑶採購談判。

⑷簽訂採購合約。

2. 建立合格供應商檔案

⑴採購部負責編制和維護合格供應商檔案。

⑵合格供應商檔案的內容主要包括以下七個方面：

① 供應商的簡介、調查表；

② 供應商供應產品明細表；

③ 品質技術協定、技術保密協定；

④ 營業執照、生產許可證、法人代表證；

⑤ 第二方審核報告、第三方審核證書；

⑥ 採購合約或訂單、往來傳真、電話記錄等；

⑦ 採購往來業績評價記錄。

十一、供應商合理使用機制

供應商經過評審後，成為企業的正式供應商，就要開始進入日常的供應運作流程。

1. 簽訂一份正式合約

與入選的供應商要做的第一件工作，就是簽訂一份企業與供應商的正式合約。這份合約既是宣告雙方合作關係的開始，也是一份雙方承擔責任與義務的責任狀，還是將來雙方合作關係的規範文件。所以

雙方應當認真把這份合約書的條款協商好,然後簽字蓋章。協議生效後,它就成為直接約束雙方的法律性文件,雙方都必須遵守。

2.建立一個合作框架

在供應商使用的初期,採購部門應當與供應商協調,建立起供應商運作的機制,相互在業務銜接、作業規範等方面建立起一個合作框架,在這個框架的基礎上,各自按時、按質、按量完成自己應當承擔的工作。在日後供應商使用的整個期間,供應商當然盡職盡責,完成企業規定的物資供應工作,採購方應當按合約的規定,嚴格考核檢查供應商執行合約、完成物資供應任務的情況。

3.合作目的應為「共贏」

採購方在供應商使用管理上,應當摒棄「唯我」主義,建立「共贏」思想。供應商也是一家企業,也要生存與發展,因此也要適當贏利,所以不能只顧自己降低成本、獲取利潤,而把供應商「耗」得太慘,因為害慘了供應商,會導致採購方自身物資供應的困難,不符合企業長遠的利益。因此,合作宗旨應當是儘量使雙方都能獲得好處,共存共榮。從這個宗旨出發,採購方應處理好合作期間的各種事物,與供應商建立起一種相互信任、相互支持、友好合作的關係,並且把這個宗旨、這種思想落實到供應商使用、激勵和控制的各個環節中去。

十二、選擇供應商的重要考核指標

1.品質指標(Quality)

常用的品質指標是百萬次品率。其優點是簡單易行,缺點是一個螺絲釘與一個價值 10000 元的發動機的比例一樣,品質問題出在那裏都算一個次品。供應商可以透過操縱簡單、低值產品的合格率來提高

總體合格率。在不同行業，品質指標的標準大不相同。例如，在採購品種很多、採購量很小的「多種少量」行業，百萬次品率能達到 3000 就是世界水準；但在大批量加工行業的零缺陷標準下，這樣品質水準的供應商基本屬於淘汰對象。

2. 成本指標 (Cost)

常用的成本指標有年度降價。要注意的是，採購單價差與降價總量應結合使用。例如，年度降價 5%，總成本節省 200 萬元。在實際操作中，採購價差的統計遠比看上去複雜。例如，新價格什麼時候生效？採購方按交貨期定；而供應商按下訂單的日期定，這些一定要與供應商事前商定。

3. 按時交貨率 (On Time Delivery)

按時交貨率與品質、成本並重，一般用百分比。其概念很簡單，但計算方法很多。例如，按件、按訂單、按時交貨率都可能不同。其缺點與品質百萬次品率一樣：一個螺絲釘與一個發動機的比例相同。生產線上的人會說，缺了那一個都沒法組裝產品。但從供應管理的角度來說，一個生產週期只有幾天的螺絲釘與採購前置期幾個月的發動機，還是不一樣的。

4. 服務指標 (Service)

服務沒法直觀統計，但是，服務是供應商價值的重要一環。IBM 首席採購官、三屆美國《採購》雜誌「採購金牌」得主 Gene Richter，總結其一生之經驗，得出一個結論就是要肯定供應商的服務價值。服務在價格上看不出，價值上卻很明顯。例如，同樣的供應商，一個有設計能力，能對採購方的設計提出合理化建議，另一個則只能按圖加工，那一個價值大，不言而喻。

5. 技術指標(Technology)

對於技術要求高的行業,供應商增加價值的關鍵是因為他們有獨到的技術。供應管理部門的任務之一,是協助開發部門制定技術發展藍圖,尋找合適的供應商。這項任務對公司幾年後的成功至關重要,應該成為供應管理部門的一項指標,定期評價。不幸的是,供應管理部門往往忙於日常的催貨、品質、價格談判,而對公司的技術開發沒精力或沒興趣,隨便選擇供應商,為幾年後的種種問題埋下禍根。

十三、與供應商簽訂採購合約

確定了合格的供應商,接下來重要的一項就是簽訂合約,合約簽訂後,與供應商協調各種品質、數量、成本等工作,再來就是下單和跟單。合約對採購方和供應商方而言非常重要。

採購合約是供需雙方就供方向需方提供其所需的商品或服務,需方向供方支付價款或酬金事宜,為明確雙方權利和義務而簽訂的具有法律效力的協議。在供應商開始工作之前,雙方應該就各個方面達成協定。

第 **4** 章

供應商的價格管理

一、採購價格的影響因素

1. 採購價格定義

價格可以定義為以標準貨幣單位為尺度的商品或服務的價值，也就是說商品的價值與貨幣價值的對比。採購價格是指企業進行採購作業時，透過某種方式與供應商之間確定的所需採購的物品和服務的價格。

2. 採購價格高低的基本影響因素

(1)供應商成本的高低。這是影響採購價格的最根本、最直接的因素。供應商進行生產，其目的是獲得一定利潤，否則生產無法繼續。因此，採購價格一般在供應商成本之上，兩者之差即為供應商的利潤，供應商的成本是採購價格的底線。一些採購人員認為，採購價格的高低全憑雙方談判的結果，可以隨心所欲地確定，其實這種想法是完全錯誤的。

⑵規格與品質。採購企業對採購品的規格要求越複雜，採購價格就越高。價格的高低與採購品的品質也有很大關係。如果採購品的品質一般或品質低下，供應商會主動降低價格，以求儘快脫手。

⑶採購物品的供需關係。當企業所採購的物品為緊俏商品時，供應商就處於主動地位，可以趁機抬高價格；當企業所採購的商品供過於求時，採購企業則處於主動地位，可以獲得最優的價格。

⑷供應市場中競爭對手的數量。供應商毫不例外地會參考競爭對手的數量來確定自己的價格，除非它處於壟斷地位。

⑸客戶與供應商的關係。與供應商的關係好的客戶通常都能拿到好的價格。

3.採購價格的種類

依據不同的交易條件，採購價格會有不同的種類。採購價格一般由成本、需求以及交易條件決定，一般有到廠價、出廠價、現金價、期票價、淨價、毛價、現貨價、合約價等。

⑴到廠價與出廠價

①到廠價。到廠價是指供應商的報價，負責將物品送達採購方的工廠或指定地點，期間所發生的各項費用均由供應商承擔。以國際貿易而言，即到岸價(FOB)加上運費(包括在出口廠商所在地至港口的運費)和貨物抵達採購方之前的一切運輸保險費。其他還有進口稅、銀行費用、利息及報關稅等。這種到廠價通常由國內的代理商以報價方式(形成國內採購)，從外國原廠進口貨品後，再售予採購方，一切進口手續都由代理商辦理。

②出廠價。出廠價是指供應商的報價不包括運送費用，即由採購方僱用運輸工具，前往供應商的製造廠提貨。該情形通常出現在採購方擁有運輸工具或供應商加計的運費偏高時，或當處於賣方市場時，

供應商不再提供免費的運送服務。

(2)現金價與期票價

①現金價。現金價是以現金或相等的方式「如電匯(T/T)或即期信用證(Sight L/C)」支付貨款。但是,「一手交錢,一手交貨」的情況並不多見。現金價可使供應商免除交易風險,採購方享受現金折扣。

②期票價。期票價即採購方以期票或延期付款的方式來採購物品。通常供應商會於售價中加計延遲付款期間的利息。如果供應商希望取得現金週轉,會將加計的利息超過銀行現行的利率,以迫使採購方捨期票價而取現金價。

(3)淨價與毛價

①淨價。淨價指供應商實際收到的貨款,不再支付任何交易過程中的費用,這一點在供應商的報價單條款中,通常會寫明。

②毛價。毛價是指供應商的報價,可以因某些因素加以折扣。如採購冷氣設備時,供應商的報價已包含貨物稅,採購方若能提供工業用途的證明,即可減免貨物稅·

(4)現貨價與合約價

①現貨價。現貨價是指每次交易時,由供需雙方重新議定價格,即使曾簽訂買賣合約,也在完成交易後即告終止。在眾多的採購項目中,採用現貨交易的方式最頻繁;買賣雙方按交易當時的行情進行,不必承擔預立契約後價格可能發生巨幅波動的風險或困擾。

②合約價。合約價是指買賣雙方按照事先議定的價格進行交易,合約價格涵蓋的期間依合約而定,短則幾個月,長則一兩年。由於價格議定在先,經常造成與時價或現貨價的差異,使買賣時發生利害衝突。因此,合約價必須有客觀的計算公式或定期修訂,才能維持公平、

長久的買賣關係。

⑸定價與實價

①定價。定價是指物品標示的價格。如某些商場的習慣是不二價,自然牌價(定價)就是實際出售的價格,但有些商場仍然流行「討價還價」的習慣。當然,使用牌價在某些行業卻有正常的理由。例如,鋼管、水泥、鋁皮等價格容易波動的物品,供應商經常提供一份牌價表給買方,表中價格均偏高且維持不變。當採購方要貨時,供應商則以調整折扣率來反映時價,無需提供新的報價單給採購方,所以牌價只是名目價格,而非真實價格。

②實價。實價是指採購方實際上所支付的價格。特別是供應商為了達到促銷的目的,經常會提供各種優惠的條件給採購方,例如,數量折扣,免息延期支付,免費運送與安裝等,這些優惠都會給採購方帶來真實的價格降低。

4.採購價格折扣

價格折扣通常是指在基本定價之外,廠商對符合一定條件的購買者給予的特別價格。它一般包括數量折扣、交易折扣、季節折扣和現金折扣以及不退貨折扣等。

⑴數量折扣。所謂數量折扣,是指買方大量採購時,賣方給予買方的價格折讓。通常由於買方的大量購買,賣方會因此獲得規模效益,而把一部份好處轉讓給買方。數量折扣包括一次性折扣和累計折扣,前者是根據每一次採購規模來確定折扣率,後者是根據一定時期內多次採購的總規模來確定折扣率。倉儲式超市在確定採購規模時,既要考慮數量折扣因素,又要考慮店鋪銷量、儲存成本、運輸費用等多重因素。

⑵現金折扣。所謂現金折扣是指買方在一定的時間期限內付清購

貨款項所給予的價格折扣。典型的折扣條件是「2/10，30 天」，表示付款期限 30 天，若客戶能在 10 天內付清，則給予 2%折扣。現金折扣的目的在於鼓勵顧客提早付款，以降低公司收賬成本。

⑶季節折扣。所謂季節折扣是指為刺激非旺季商品銷售而給予買方的價格折扣。這種折扣與採購數量、採購者無關，只是鼓勵買方在旺季之前訂貨，使廠商淡季不淡。提供季節性折扣的目的在於使公司產品的生產量維持在一個較穩定的水準上。

⑷交易折扣。所謂交易折扣，是指賣方根據買方的業務功能和組織特徵，給予有利於自己的購買組織一定的價格優惠。因為倉儲式超市多為連鎖組織形態，所以會享受到供應商的交易折扣。例如，一種是 50 家獨立的店鋪，分散地向供應商進貨;另一種是 50 家連鎖分店，由總部統一進貨，對於供應商來說，後者的業務成本會大大低於前者。

⑸功能性折扣又稱為交易折扣(trade discount)，通常是行銷管道中的成員因其所扮演的特殊功能與角色所給予的折扣，這些功能包括銷售、儲存和做進出貨記錄。

⑹不退貨折扣。實際上是買斷商品的價格，是指供應商對實行買斷商品、不再退貨的商場給予的價格優惠。值得強調的是，世界上許多著名的跨國零售鉅子，對其經營的主力商品，均採用了現金買斷制，以同時獲得現金折扣和不退貨折扣，進而在價格競爭中佔據有利地位。

二、選擇更低成本的採購方式

供應成本控制對企業的經營業績至關重要。供應成本的下降不僅體現在企業現金流出的減少，而且體現在產品成本的下降、利潤的增

加，以及企業競爭力的增強等方面。因此，控制好供應成本並使之不斷下降，是一個企業不斷降低產品成本、增加利潤的重要手段之一。

採購方式是否合理，直接關係著供應成本的高低。因此，採購方應針對各種發包品的採購方式進行合理篩選，以便更好地控制供應成本。通常情況下，採購方會透過集中採購和聯合採購等方式，形成大批量採購，從而獲取供應商的價格折扣，實現低成本採購的極為有效的手段。

1. 集中採購

集中採購是企業設立的職能部門，統一為其他部門、機構或子公司提供採購服務的一種採購組織實施形式，其特點主要是採購數量大，可獲得價格折扣和良好的服務。集中採購，可統一實施採購方針。可精簡人力，便於採購人員的培養和訓練。很難適應零星採購、地域採購以及緊急採購的需要。

2. 聯合採購

聯合採購是指小型企業聯合起來，形成大批量採購，從而獲取價格折扣，實現低成本採購的一種手段。聯合採購的特點主要是集小訂單成大訂單，可獲取採購規模優勢。聯合採購透過直接與製造商交易，可擺脫代理商的轉手成本，保障供應品質。聯合採購的作業手續複雜，容易因數量分配和到貨時間引起爭端。利用聯合採購，可進行「聯合壟斷」，操縱供應數量及價格。

3. 制訂完善的採購計劃

制訂完善的採購計劃，可以按照以下步驟進行：選擇最佳產品類型，計劃適當的產品數量，設定合理的預期價格，確定合理的採購週期，慎重選擇產品來源，選擇合適的採購方法，打通合理的採購管道，降低發包手續成本。

三、採購價格的分析

　　企業按所需要使用的原材料，少的有八九十種，多的達萬種以上，按其價格劃分，可分為「高價物品」、「中價物品」與「底價物品」三類。由於採購物資種類繁多，規範複雜，有關採購價格資料的搜集、調查、登記、分析十分困難，採購規格有差異，價格就可能相差懸殊，商業環境變幻莫測，要做好國際商業環境調查是很困難的。

1. 調查的主要範圍

　　在大型企業裏，原材料種類不下萬種，限於人手不足，要做好採購價格調查並不容易。因此，企業需要瞭解帕累托定律裏所說的「重要少數」，即通常數量上僅佔 10%的原材料，而其價值卻佔全體總值 70%～80%的部份。假如企業能掌握 80%左右價值的「重要少數」，那麼，就可以達到控制採購成本的真正效益，這就是 2/8 管理法。根據一些企業的實際操作經驗，可以把下列六大項目列為主要的採購調查範圍：

　　⑴選定主要原材料 20～30 種，其價值佔全部總值百分比的 70%～80%以上；

　　⑵常用材料、器材屬於大量採購項目；

　　⑶性能比較特殊的材料、器材(包括主要零配件)，一旦這些材料供應脫節，可能導致生產中斷；

　　⑷突發事件緊急採購；

　　⑸波動性物資、器材採購；

　　⑹計劃外資本支出、設備器材的採購，數量巨大，對效益影響深遠。

　　六大項目雖然種類不多，但其所佔數值的比例很大，或是影響效益甚廣。其中第1、2、5三項，應將其每日行情的變動，記入記錄表，並於每週或每月做一個「週期性」的行情變動趨勢分析。由於項目不多，而其金額卻佔全部採購成本的一半以上，因此必須做詳細細目調查記錄。至於第3、4、6三項，則屬於特殊性或例外性採購範圍，價格差距極大，也應列為專業調查的重點。

表 4-1　採購詢價記錄表

調查員：　　　　　　調查員員工號：　　　　　　詢價日期：

採購計劃單工作號		詢價單工作號		申請採購商品序號		上月價格	
供應商	電話	供應商報價（單位：元）					
		出廠價	批發價		零售價	平均價	

　　在一個企業中，為了便於瞭解佔總採購價值80%的「重要少數」的原材料價格的變動行情，應當隨時記錄，真正做到瞭若指掌。久而久之，對於相關的項目，它的主要原料一旦漲價，就可以預測到成品價格的上漲情況。

2.信息收集方式和管道

(1)信息收集方式

　　根據信息來源管道可分為一手資料調查和二手資料調查，其中，二手資料多是透過查詢官方出版物、行業概覽等文案調查方式得來的。據統計，採購人員約有27%的時間從事各類信息的搜集工作。信息搜集的方法可分為以下三類：

①上游法

上游法指瞭解擬採購的產品是由那些零件或材料組成的,即查詢供應商的可變成本和供應商的固定成本,同時查詢擬採購產品市場上的平均利潤率水準。

②下游法

下游法指瞭解採購的產品用在那些地方,即查詢擬採購的產品的最終去向,包括客戶群、銷售水準和產品的利潤率。

③水平法

水平法指瞭解採購的產品有那些類似產品,換言之,查詢替代品或新供應商的資料。

(2)信息收集管道

信息的收集,常用的管道有:

①雜誌、報紙等媒體;

②信息網路或產業調查服務業;

③供應商、顧客及同行;

④參加展覽會或參加研討會;

⑤加入協會或工會。

由於商情範圍廣闊,來源複雜,加之市場環境變化迅速,因此必須篩選出正確有用的信息以供決策。信息收集不能單單滿足於以往簡單的報紙、電視等管道的信息獲取,每位採購人員應該透過跑市場及時把握現今動盪的市場銷售行情,透過網路隨時瞭解相關產品原料的市場行情以及期貨市場行情、進口產品的匯率市場變化。每位採購人員從接到計劃起就要從原材料的價格、生產工序等方面分析產品的價格構成,對所採購產品的價格可行性進行把關。

3.調查資料的處理

企業可對採購市場調查所得資料加以整理、分析與檢討。在此基礎上提出報告及建議，即根據調查結果，編制材料調查報告及商業環境分析，對本企業提出有關改進建議（例如，提供採購方針的參考，以求降低成本，增加利潤），並根據科學調查研究，研究更好的採購方法。

表 4-2　產品市場價格調查表

品名	規格	廠牌	單價	價格來源根據（發票或經辦人）	對品質價格的批評
說明					

4. 採購價格的調查流程

圖 4-1　採購價格的調查流程圖

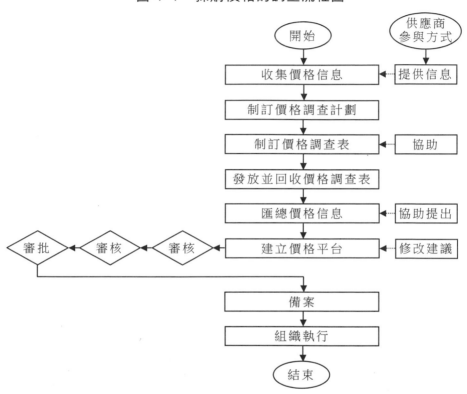

　　從收集信息到最終確定採購的具體價格，採購價格調查流程涉及企業中多個部門，各部門完成其中的某一個環節，多個部門合作完成採購價格的調查、確認工作。

表 4-3　採購作業的議價流程

程　序	說　明
篩選物料 供應商	確定評審項目後，評選小組將合格廠家進行分類、分級，篩選出合適的供應商。
編制低價 和預算	議價之前，採購人員應先擬購物品的規格和等級，同時充分考慮企業的財務能力，編制擬購物品的低價和預算。
制訂報價 單或成本 分析表	(1)請供應商提供報價單，詳細核對內容，如果擬購項目有增減，可以據此重新核算價格。在交貨時，也應有客觀的驗收標準。 (2)對於數量巨大的定制物品，應另請供應商提供詳細的成本分析表，瞭解報價是否合理。
審查、比較 報價表	(1)在議價前，採購人員應審查報價單的內容有無錯誤，以避免出現爭議。 (2)比較並統一不同供應商的報價單，以免發生不公平的現象。
瞭解優惠 條件	(1)瞭解供應商對長期交易的客戶是否會提供相應數量的折扣。 (2)對於整批機器的定購，是否附贈備用零件或免費維修。 (3)對於能以現金支付的貨款，是否給予現金折扣。
議價，最終 定價	從各供應商的報價中選出總價最低者，進行商談，確定最終價格。
簽訂採購 合約	規定雙方的權利與義務，簽訂採購合約。

四、採購價格的審計

　　將採購價格審計工作重點放到以防為主、防患於未然上來。審計監督的根本目的在於防止違法違紀問題的出現，影響採購價格的合理性、效益性和採購標的品質。因此，要加強事前監督，完善約束機制，對容易出現的問題提出防範性的意見，當好參謀。

　　嚴格依法審計，做到「到位」不「越位」，處理好與有關部門的關係。也就是說，在審計工作中，應嚴格按照法定的程序和職責權限開展審計監督，對發現違法違紀的問題應依法嚴肅處理，不得徇私舞弊，但也不得越權行事。在審計過程中必須處理好與其他監督部門和各管理部門的關係，在各行其政、各負其責的基礎上，注意加強部門間的溝通和交流，增進理解和尊重，確立相互協作、密切配合的採購工作體系，發揮整體連動功能，共同為採購效益最大化努力工作。

　　為了適應採購價格審計的需要，必須學習和掌握相關的招標法規、合約法規、政府採購法規，學習和掌握招標採購全過程的各項業務知識。

1. 採購價格審計的意義

　　採購價格審計是指企業的內部審計機構或內部審計人員以採購價格及其構成要素為對象，對內部有關職能部門(單位)使用企業資金獲取貨物、工程和服務的價格進行審核、監督、評價，確認採購價格的合理性、合法性、效益性，促進企業實現價值最大化的效益審計。

　　在經濟條件下，如果不重視採購價格的管理和控制，不致力於從採購價格上挖掘增收節支的潛力，就必然會造成企業效益失去原本可取得的效益。

在現實生活中，市場信息具有不對稱性，即交易雙方對交易品所擁有的信息數量不對等。俗話說：「只有錯買的，沒有錯賣的。」一般情況下，賣方比買方對採購標的的信息知道得更多，在這種情況下，如果缺乏有效的制約機制，有關人員很容易透過不合理的價格牟取私利，致使企業蒙受損失。採購價格審計有著重大的現實意義：

⑴可以促進企業改善管理。企業產品的成本源於生產要素的消耗，在保證產品品質的前提下，降低生產因素的進價和消耗，意味著降低產品成本、增加盈利，採購價格審計正是抓住效益審計的敏感點，透過建立大件大宗物資採購制度、工程項目招議標制度、基建工程竣工決算審計制度等一系列規章制度，規範企業有關工作流程，減少人為因素的干擾，發現企業採購價格執行和管理中的各種問題，促進企業增強市場意識和效益觀念，改進和加強內部管理。

⑵能夠帶來直接的經濟效益。採購價格審計，程序簡單，易於操作且效果明顯，為不少單位節約了大量的經費，帶來了顯著的經濟效益。

⑶具有顯著的社會效益。隨著經濟發展，尤其在買方市場條件下，出現了名目繁多的促銷手段，其中不乏非法交易，採購物資和工程建設過程中存在高買高賣、高估冒算、暗箱操作、收受回扣、變相回扣、變相折讓、貪污受賄等不良現象。對採購價格進行審計可以淨化經濟環境，從源頭上遏制腐敗，產生良好的社會效益。

2.採購價格審計基礎

要想在保證使用需要的基礎上獲得合理的價格，就必須制定完善的內控制度，認真進行市場調查，採取合適的採購方式，確定合適的供應商，簽訂規範的合約，嚴格規範驗收手續。因此，採購價格審計不僅僅是對價格這個數據進行審計，而是要對獲得價格的全過程進行

審計，包括對採購政策、採購計劃、採購程序以及採購管理等各個方面進行審計。

(1)建章立制，規範行為

完善的制度是有效實施採購價格審計的基礎，也是規範內審人員、各相關管理部門人員行為的準則和開展採購價格審計的依據。建章立制就是要緊密結合企業資金活動現狀，建立和完善基建工程項目管理、物資採購、合約管理等方面的內控制度，明確採購組織、程序以及採購、監督、財務等相關部門職責，並根據不同的採購金額和採購方式，規定相關的採購和監督程序。

(2)對採購全過程進行審計監督

全過程的審計是指從計劃、審批詢價、招標、簽約、驗收、核算、付款到領用等所有環節的監督。審計重點是對計劃制訂、簽訂合約、品質驗收和結賬付款四個關鍵控制點的審計監督，以防止舞弊行為。全方位的審計是指內控審計、財務審計、制度考核三管齊下，把審計監督貫穿於採購活動的全過程，是確保採購規範和控制品質風險的第二道防線。科學規範的採購機制，不僅可以降低公司的物資採購價格，提高物資採購品質，還可以保護採購人員和避免外部矛盾。具體內容包括：

①審「買不買」，即對採購計劃的審查。審查公司採購部門物料需求；物資採購計劃的編制依據是否科學；調查預測是否存在偏離實際的情況；計劃目標與實現目標是否一致；採購數量、採購目標、採購時間、運輸計劃、使用計劃、品質計劃是否有保證措施。

②審「何時買」，即對採購時間的審查。要充分發揮規模採購的優勢，對有關部門提出的採購計劃，進行合併、分類，能集中採購的絕不零星採購。另外，如果採購時間選擇不當，將會影響企業的生產

經營或增加企業的倉儲成本。

③審「怎麼買」，即對採購方式的審查。採購方式可以採取公開招標、邀請招標、競爭性談判、單一來源採購、詢價等，每種方式各有特點，採取那種方式要根據具體情況靈活掌握，以獲得合理的採購價格。這就需要在審計時，較多地運用經驗、知識來具體分析判斷，避免在選擇採購方式過程中受人情關係、私心雜念影響。採購方式選擇得當，不但可以加快採購速度，而且還可以節約投資，減少不必要的人力和物力消耗。

④審「向誰買」，即對供應商和開標過程的審查。在對供應商進行考察瞭解的基礎上，對供應商的選擇要制定一個嚴格的標準，將那些信譽好、實力強的供應商招進來，將不符合要求的剔除出去，以保證支付合理價格的同時，獲得較好的品質，要特別注意不要讓一些人情關係左右審查標準。對開標過程進行審查主要是為了禁止開標過程中的「暗箱」操作，以維護公開、公平、公正的競爭原則。審計監督時，應特別注意對招標文件和評議標準的審查，看有無漏項問題，有無表達不清和不合理的問題，有無責任不清問題，有無與國家法規、政策不一致的問題，還應該注意有無招標者內定中標者或向投標者洩露標底，評標過程中有無不公平、不公正、不合理問題等違規行為。開標過程中存在的問題將會改變招標採購的意義，應予以高度重視。

⑤對採購合約進行審計，依法訂立採購合約是避免合約風險、防患於未然的前提條件，也是強化合約管理的基礎。首先，要對採購經辦部門是否履行職責進行審計。審查採購部門和人員是否對供應商進行調查，包括供貨方的生產狀況、品質保證、供貨能力、公司經營和財務狀況；每年是否對供應商進行一次復審評定，所有供應商都必須滿足 ISO9000 標準要求，考評主要指標是對每年所執行的合約情況進

行評審，例如，供貨品質、履行合約次數、準時交貨率、價格水準、合作態度、售後服務等，看採購員是否在全面瞭解的基礎上，做出了選擇合格供應商的正確決策，使合約建立在可行的基礎上。審查採購招標是否按照規範的程序進行，是否存在違反規定的行為。其次，要對合約中規定的品種、規格、數量、品質、交貨方式與時間、交貨地點、運輸方式、結算方式等各項內容，按照合法性、可行性、合理性和規範性四個標準，逐一進行審核。

　　⑥對採購合約執行中的審計。審查合約的內容和交貨期執行情況，是否做好物資到貨驗收工作和原始記錄，是否嚴格按合約規定付款；如果有與合約不符的情況，是否及時與供方協商處理，對不符合合約部份的貨款是否拒付；是否對有關合約執行中的來往函電、文件都進行了妥善保存，以備查詢。審查物資驗收工作執行情況，是否對物資進貨、入庫、發放過程進行驗收控制。對不合格品控制執行情況審計，審查是否對發現的不合格品及時記錄。還應重視對合約履行違約糾紛處理的審計。審查採取「零庫存」策略的公司，是否保持一定的產成品存貨以規避缺貨損失；是否保持一定的料件存貨以滿足需求增長引起的生產需要；是否建立牢固的外部契約關係，保證供貨管道穩定，降低風險，規避成本。

　　⑦審「驗收和結算」，即審查採購標的的數量、品質是否符合採購合約的要求，與採購商的資金結算是否符合合約規定，該保留品質保證金的項目是否按規定保留了，等等。這是一個不容忽視的環節，它也關係到採購活動的成敗。即使以上環節無懈可擊，如果驗收手續不嚴格，也有可能導致採購活動的失敗，給企業帶來損失。有的供應商以合理的價格取得供應權後，在供貨時採用偷工減料，以次充好，降低軟、硬體的配置水準，降低服務品質等手段，以牟取不正當的利

益,從而損害企業利益。所以應嚴把驗收關,對於重要的採購活動,審計人員應親自參與;對於專業性很強的採購活動,還可以繼續聘請參與採購工作的專家來驗收,從而保證質價相符和採購活動的成功。

⑧對採購績效的審計考核。要督促相關部門建立合約執行管理的各個環節的考核制度,並加強審計檢查與考核,審查是否把合約規定的採購任務和各項相關工作轉化成分解指標和責任,明確規定出工作的數量和品質標準,並分解、落實到各有關部門和個人,結合效益進行考核,以儘量避免合約風險的發生。

(3)加強信息系統建設

用什麼樣的標準來衡量採購價格的合理性、有效性,並據此確定採購的取捨,是採購價格審計的核心。因此,建立一個容量大、反應靈敏的價格信息系統,對於實施採購價格審計至關重要。內審機構要改變目前審計手段落後、難以適應工作要求的狀況,變被動為主動,充分利用 Internet 絡等資源,加強市場價格調查,開闢信息源,增加信息量,可以透過內外兩個管道獲得有關價格的信息。

五、採購價格的制定底價

所謂底價,是採購物品時打算支付的最高價格,制定底價可以作為決定採購價格的依據。

採購項目所制定的底價,要依據行情資料,但也不能超過預算。由於採購項目通常在底價以下決定,預算自能得到控制。

如果採購項目不制定底價,只以報價最低者即委以交貨或承包工程,報高價的結果,其損失將無法計算;而報低價的結果,將使物料或工程品質降低,延期交貨也難以避免。

　　有了底價，採購人員在詢價時就有所依據。只要是在底價以下的最低報價，即為得標廠商，採購人員即可依靠有關手續簽約訂購；若無底價作為規範，則採購人員必須不斷議價，因此也就影響了訂約交貨的時效。

1.底價制定方法

　　底價的制定，不能單憑主觀印象和以往的底價或中標記錄，否則既不客觀，也不合理。制定底價可採用以下兩種方式：

(1)收集價格資料，自行制定

　　資料來源有：

①報載行情；

②市場調查資料；

③各著名工廠廠價；

④同業公會牌價；

⑤過去採購記錄；

⑥臨時向有關廠商詢價；

⑦向其他機構調查採購價格。

(2)請專業人員估計

　　有些專業化、技術性程度很高的物品、機器或規模浩繁的工程，其底價的制定並非僅根據前述的價格資料即可，還必須請專業人員從事底價估算工作。

2.採購底價制定步驟

(1)收集物資市場行情

　　企業可充分利用 Internet、電子信箱等現代化通信手段，及時獲得國內外各地區同行業物資的價格信息資料，並將其整理、存檔，隨時掌握採購物資市場行情；也可查閱相關報刊，收集物資價格信

息；或透過電話、電傳、信函等多種形式，結合現場實地考察和調查，對可選擇的供方產品品質、企業資質、信譽、供應能力、售後服務和產品價格等進行調查，建立供方及價格信息檔案，以便及時掌握市場價格波動情況，為控制採購成本、擇優選定合格供方提供真實、可靠的依據。

(2)制定採購標準

企業要詳細制定物資採購內控標準，內容包括：名稱、產品標準及編號、規格型號、等級、類別、檢驗規則、技術要求、品質控制類別等。若採用供方標準，應向供方索要品質標準。

(3)核算採購「底價」

企業對採購的物資，須採用「倒逼成本法」核算出原料進廠價格，再依據物資到廠情況、運輸方式，測算出運雜費等，最後算出採購物資「底價」，據以確定最佳方案。

六、採購作業的議價流程

採購作業的議價流程，如表所示。

4-4　採購作業的議價流程

程　　序	說　　明
篩選物料 供應商	確定評審項目後，評選小組將合格廠家進行分類、分級，篩選出合適的供應商。
編制低價 和預算	議價之前，採購人員應先擬購物品的規格和等級，同時充分考慮企業的財務能力，編制擬購物品的低價和預算。
制訂報價 單或成本 分析表	(1)請供應商提供報價單，詳細核對內容，如果擬購項目有增減，可以據此重新核算價格。在交貨時，也應有客觀的驗收標準。 (2)對於數量巨大的定制物品，應另請供應商提供詳細的成本分析表，瞭解報價是否合理。
審查、比較 報價表	(1)在議價前，採購人員應審查報價單的內容有無錯誤，以避免出現爭議。 (2)比較並統一不同供應商的報價單，以免發生不公平的現象。
瞭解優惠 條件	(1)瞭解供應商對長期交易的客戶是否會提供相應數量的折扣。 (2)對於整批機器的定購，是否附贈備用零件或免費維修。 (3)對於能以現金支付的貨款，是否給予現金折扣。
議價，最終 定價	從各供應商的報價中選出總價最低者，進行商談，確定最終價格。
簽訂採購 合約	規定雙方的權利與義務，簽訂採購合約。

七、節約採購成本的策略

就企業採購來說，節約成本的方法有很多，歸納起來主要有下列八種：

⑴價值分析(VA)法與價值工程(VE)法：適用於新產品，針對產品或服務的功能加以研究，以最低的生命週期成本，透過剔除、簡化、變更、替代等方法來達到降低成本的目的。價值工程是針對現有產品的功能、成本做系統的研究與分析，現在價值分析與價值工程已被視為同一概念使用。

⑵談判：談判是買賣雙方為了各自目標，達成彼此認同的協定過程。談判並不只限於價格方面，也適用於某些特定需求。使用談判的方式，通常期望採購價格降低的幅度約為 3%～5%。如果希望達成更大的降幅，則須運用價格、成本分析，價值分析與價值工程等手法。

⑶早期供應商參與(Early Supplier Involvement，ESI)：在產品設計初期，選擇有夥伴關係的供應商參加新產品開發小組。透過供應商早期參與的方式，使新產品開發小組依據供應商提出的性能規格要求，極早調整戰略，借助供應商的專業知識來達到降低成本的目的。

⑷杠杆採購：避免各自採購，造成組織內不同單位向同一個供應商採購相同零件，卻價格不同，無故喪失節省採購成本的機會。應集中擴大採購量，而增加議價空間。

⑸聯合採購：主要發生於非營利事業單位的採購，如醫院、學校等，透過統計不同採購組織的需求量，以獲得較好的折扣價格。這也被應用於一般商業活動之中，如第三方採購，專門替那些需求量不大

的企業單位服務。

⑹為便利採購而設計（Design for Purchase，DFP）：自製與外購的策略，在產品的設計階段，利用協開工廠的標準與技術，以及使用工業標準零件，提高原材料取得的便利性。這可以大大減少自製所需的技術支援，同時也降低了生產成本。

⑺價格與成本分析：這是專業採購的基本工具，瞭解成本結構的基本要素，對採購者來說是非常重要的。如果採購不瞭解所買物品的成本結構，就不能算是瞭解所買的物品是否為公平合理的價格，同時也會失去許多降低採購成本的機會。

⑻標準化採購：實施規格的標準化，為不同的產品項目或零件使用共通的設計、規格，或降低訂制項目的數目，以規模經濟量達到降低製造成本的目的。但這只是標準化的其中一環，應擴大標準化的範圍，以獲得更大的效益。

以上所說的幾種降低採購成本的策略只是理論上的方法，在實踐中企業擬訂採購策略的時候，應同時考慮下列幾項因素。

⑴所採購產品或服務的形態。所採購產品或服務的形態，是屬於一次性的採購，或者是持續性的採購，這應是採購最基本的認知，如果採購的形態有所轉變，策略也必須跟著調整。持續性採購對成本分析的要求遠高於一次性採購，但一次性採購的金額如果相當龐大，也不可忽視其成本節省的效能。

⑵年需求量與年採購總額。年需求量與年採購額各為多少，這關係到在與供應商議價時，是否能得到較好的議價優勢。

⑶與供應商之間的關係。賣方、傳統的供應商、認可的供應商，到與供應商維持夥伴關係，進而結為策略聯盟，對成本的分享方式是不同的。如果與供應商的關係一般，則肯定不容易得到詳細的成本結

構資料,只有與供應商維持較密切的關係,彼此合作時才有辦法做到。

(4)產品所處的生命週期階段。採購量與產品的生命週期所處的階段有直接的關係,產品由導入期、成長期到成熟期,採購量會逐漸放大,直到衰退期出現,採購量才會逐漸縮小。

八、採購價格管理制度

第 1 條　為規範採購價格管理流程和採購價格審核管理,確保所購物料高品質、低價格,從而實現降低成本的目標,特制定本制度。

第 2 條　各項物料採購價格的分析、審核和確認,除另有規定外,均依照本制度處理。本制度所涉及的物料採購,既包括生產所需的各項原材料、設備以及配件的採購,也包括公司所需辦公物品的採購。

第 3 條　採購部負責本制度制定、修改和廢止的起草工作;公司主管副總經理和總經理負責本制度制定、修改、廢止的核准工作。

第 4 條　詢價、議價

(1)採購人員應選擇三家以上符合採購條件的供應商作為詢價對象。

(2)供應商提供報價的物料規格與請購規格不同或屬代用品時,採購人員應送採購需求部門確認。

(3)專業材料、用品或項目的採購,採購部應會同使用部門共同詢價與議價。

(4)已核定的材料,採購部必須經常分析或收集資料,作為降低成本之依據。

(5)議價採用採購交互議價之方式。

⑹議價應注意品質、交期、服務兼顧。

第 5 條　價格調查

⑴本公司各有關單位和部門，均有義務協助提供價格信息，以便有利於採購部進行比價參考。

⑵採購部根據價格調查信息，對採購物料成本進行分析，目的在於確定物料成本的合理性和適當性。進行成本分析的項目包括以下七項內容。

①物料的製作方法和生產技術。

②物料製作所需的特殊設備和工具。

③物料生產所耗費的直接或間接的人工成本。

④物料生產所耗費的直接或間接的材料成本。

⑤物料生產製造所需的費用或者外包費用。

⑥物料行銷費用。

⑦物料管理費用以及稅收。

⑶價格調查的相關資料，可向物料供應商索取。

第 6 條　價格制定

⑴物料價格的種類。物料價格包括物料的到廠價、出廠價、現金價、期票價、淨價、毛價、現貨價以及合約價等。

⑵公司所購物料價格的制定可採用成本加成法、市價法以及投資報酬率法等方法來確定。

表 4-5　物料價格的參考計算公式

計算公式	P＝X×a＋Y×（b＋c）×d＋Z
說明	P——物料的價格
	X——物料生產製造所需的材料需求量
	a——物料所需材料的單價
	Y——物料生產製造所需要的標準時間(主要作業時間＋作業準備時間)
	b——單位時間的薪資率
	c——單位時間的費用
	d——修正係數，主要指非正常狀態下的特殊情況，包括趕貨、試用樣品的生產等
	Z——物料生產商的預期利潤

(3)物料價格的計算並不一定完全按照此計算公式進行，可根據所購物料的具體特性以及採購人員的經驗判斷靈活進行。物料價格的計算是為了在採購過程中精確確定供應商的價格底線，協助進行採購談判。

第 7 條　價格審核

(1)採購人員詢價、議價完成後，於《請購單》上填寫詢價或議價結果，必要時附上書面說明。

(2)採購合約主管進行審核，認為需要再進一步議價時，退回採購人員重新議價，或由主管親自與供應商議價。

(3)採購部主管審核之價格，呈分管副總經理審核，並呈總經理確認批准。

(4)副總經理、總經理均可視需要再行議價或要求採購部進一步議價。

(5)採購核准權限規定，不論金額多少，均應先經採購經理審核，再呈總經理核准。

第 8 條　已核定的物料採購單價如需上漲或降低，應以《單價審核單》形式重新報批，且附上書面的原因說明。

第 9 條　單價漲跌的審核，應參照新價格的審核流程執行。

第 10 條　採購數量或頻率有明顯增加時，應要求供應商適當降低單價。

第 11 條　物料定購

(1)採購人員以《訂購單》的形式向供應商訂購物料，並以電話或傳真形式確認交期。

(2)若屬一份訂購單多次分批交貨的情形，採購人員應在《訂購單》上明確註明。

(3)採購人員要控制物料訂購交期，及時向供應商跟催交貨進度。

第 12 條　供應商提供的物料，必須經過本公司倉庫、品質管理部、採購等部門人員之相關驗收後方能支付貨款，主要包括下列八項內容。

(1)確認訂購單。

(2)確認供應商。

(3)確認送到日期。

(4)確認物料的名稱與規格。

(5)清點數量。

(6)品質檢驗。

(7)處理短損。

⑻退還不合格品。

第 13 條　驗收與付款

採購人員根據公司財務管理規定，在物料品質檢驗合格的情況下，會同財務部履行付款義務。

第 14 條　付款方式

⑴付款方式：信用證付款、直接付款和托收付款，

⑵貨款支付手段：貨幣和匯票，公司鼓勵採用匯票的貨款支付方式。

⑶付款時間：預付款、即期付款和延期付款。

第 15 條　本制度由採購部負責制訂、解釋並檢查、考核，採購合約主管負責日常採購價格管理工作。

第 16 條　本制度報總經理批准後施行，修改時也應報總經理批准。

第 17 條　本制度施行後，原有的相似制度或管理辦法自動廢止，與本制度有抵觸的規定以本制度為準。

第 18 條　本制度自頒佈之日起施行。

第 **5** 章

供應商的品質管理

一、供應商的品質管理

隨著社會分工越來越細，專業化程度也越來越高，供應商品質管理的重要性日益凸現。由供應商提供的原材料直接關係著最終產品的品質，因而材料的品質已成為多米諾骨牌中的第一張。

由品質的觀點可以給出供應商品質的定義：在特定的績效範圍內，符合或超過現有和未來客戶（買方或最終客戶）期望或需求的能力。

供應商的品質高低，對採購方造成影響：

⑴供應商對產品品質的影響。由於產品價值中部份是經採購由供應商提供的。毫無疑問，產品的品質很大程度上受採購品質量控制的影響，也就是說，保證企業產品「品質」不僅要靠企業內部的品質控制，更依賴於對供應商的品質控制。這也是「上游品質控制」的體現。上游品質控制得好，不僅可以為下游品質控制打好基礎，同時也可以

降低品質成本，減少企業來貨檢驗費用(降低 IQC 檢驗頻率，甚至免檢)等。

　　企業要能將 1/4 至 1/3 的品質管理精力花在供應商的品質管理上，那麼企業自身的品質(過程品質及產品品質)水準起碼可以提高50%以上。可見，透過採購將品質管理延伸到供應商品質控制，是提高企業自身品質水準的基本保證。

　　⑵同時，採購能對品質成本的削減做出貢獻。當供應商交付產品時，許多公司都會進行進料檢查和品質檢查。所採購貨物的來料檢查和品質檢查的成本減少，可以透過選擇那些有健全品質保證體系的供應商來實現。

　　⑵供應商品質高低會影響到供應商現在及將來的績效水準。採購不但能夠減少所採購的物資或服務的價格，而且能夠透過多種方式增加企業的價值，這些方式主要有支援企業的戰略、改善庫存管理、穩步推進與主要供應商的關係、密切瞭解供應市場的趨勢等。因此，加強採購管理對企業提升核心競爭力也具有十分重要的意義。

二、供應商品質管理的策略

　　採購方要求其供應商實施品質確認程序，以保證所提供的產品長期滿足所指定的規格，並且考慮到社會、環境及經濟方面的穩定和可持續發展。

　　1. 供應商品質管理策略
　　⑴品質管理和目標
　　①是否存在管理說明；
　　②是否存在合適的品質管理條例；

③是否經常交流、理解及更新品質條例；

④品質目標是否被整合人商業計劃且可檢測；

⑤計算及測量產品成本且品質目標是否被建立在商業計劃中。

同時，可以從以下幾方面來看供應商的行為、動機及態度：工人最基本的個人防護設備（手套、面罩等）的可得到性；機器和工作環境的安全需求（急停、安全條例等）；工作狀況，特別是生產人員的工作狀況（溫度、照明、通風等）；符合國家和國際法律條例，考慮到防火、事故的預防以及有毒物質的處理。

(2)技術安排

①品質管理系統所需要的技術是否已經被識別且應用；

②識別產品生產所需的技術是否被作為品質管理系統的一部份；

③是否建立了評估技術有效性的方法和措施；

④是否有合適、合格的管理技術的人力資源；

⑤是否建立了技術分析及持續提高的方法。

(3)組織

①組織圖表是否正式表明品質功能的義務、權利以及定位；

②是否有負責品質功能實施的人員（管理代表對於品質管理系統的定義、實施及評估，且對客戶需求有高度的意識）；

③是否存在品質管理系統的計劃；

④是否建立了內部交流的方法和責任。

(4)品質確保手冊及內部審核

①是否正式建立了品質確認手冊（包括品質管理系統和技術描述），保證技術和物流/服務品質。

②是否實施內部審核，用於品質系統保證一致性、產品技術保證有效性。

③產品內部審核程序是否包括計劃、應用的代表領域、方法、審核者的資格、報告、糾正行為、糾正方式有效性的確認、當合適時審核頻率的轉變。

2. 供應商提供產品的品質

(1) 供應商的品質保證

①買來的產品是否符合下列需要，包括需求的表達、規格、合約、統一的來源、員工資格、控制方法；

②是否符合立法需求(環境、衛生、安全)；

③是否有用於生產合格產品的技術(初級樣品、工業測試)及服務；

④在使用前，系統為了保證原材料的一致性，是否對原材料進行評價，例如，過程能力指數(CP 或 CPK)；

⑤是否有風險的可能性評估，支持解決方法及相關品質保證。

(2) 對其供應商的評估

①品質管理組織是否有用於選擇、評估、再評估其供應商的措施；

②是否有對組織的供應商的品質保證程序的需求；

③組織是否有對其供應商品質系統的評估、再評估循環；

④組織是否有致力於用來提高品質和服務的程序。

(3) 供應商品質認證

供應商品質認證主要是透過供應商品質指標實現的。供應商品質指標是供應商考評的最基本指標，包括來料批次合格率、來料抽檢缺陷率、來料在線報廢率、供應商來料免檢率等，其中，來料批次合格率是最為常用的品質考核指標之一、這些指標的計算方法如下：

來料批次合格率＝(合格來料批次/來料總批次)×100%

來料抽檢缺陷率＝(抽檢缺陷總數/抽檢樣品總數)×100%

來料在線報廢率＝(來料總報廢數/來料總數)×100%

其中，來料總報廢數包括在線生產時發現的廢品。

來料免檢率＝(來料免檢的種類數/該供應商供應的產品總種類數)×100%

將供應商體系、品質信息等也納入考核，例如供應商是否透過了ISO 認證或供應商的品質體系審核是否達到一定的水準。還有些公司要求供應商在提供產品的同時，要提供相應的品質文件，例如，過程品質檢驗報告、出貨品質檢驗報告、產品成分性能測試報告等。

3.供求雙方的長期品質合作措施

供求雙方可以透過多種方式實現戰略發展、解決相關問題和持續改進品質。企業間經常採用的方式包括：定期召開合作策略回顧和發展會議；建立高層主管的供應商會議，共同探討雙方合作間遇到的問題，努力找到解決方案，分享技術發展趨勢和未來產品計劃；建立持續改進小組，促進持續改進的進行；建立跨職能的小組，管理和改進聯盟與夥伴關係。

三、供應商的品質調查

供應商品質調查的主要目的，一是確定供應商的品質系統是否有能力提供符合品質的產品，另一是確定合約內所供應的商品是否合格。

當企業準備瞭解供應商所用的品質標準，或是推薦應用的品質標準時，一定要記住所評估的供應商至少也有一個目的：展示自己最好的一面(有時常藏起一個或多個缺陷)。所以，在進行評估時應牢記企業的目標：

・他能夠提供企業需要的產品品質嗎？

- 他能夠繼續提供達到企業品質要求的產品嗎？
- 為了使他提供符合企業品質要求的產品，必須做些什麼？
- 他真的為提供符合企業要求的產品作了必需的改進嗎？
- 他遵循為了提供企業所需要的產品品質所必須遵循的所有規程嗎？

1. 準備調查

(1)事實和數據搜集

企業準備對一個供應商進行調查時，應盡可能多地搜集事實和數據，在進行這一工作時，一定要記住企業的目標和與供應商存在的歷史關係。

對現有的供應商進行調查，應先重溫企業中已有文件，這些文件應包括：檢驗報告、採購人員的定期報告、糾正措施的記錄、交付記錄、未完成合約數量、產品規格等記錄。

如果供應商曾有過品質問題，則採購方要與本企業內的設計人員、採購人員、檢驗人員和生產人員接觸，瞭解他們的意見。但是在接觸時必須小心，並注意他們中的一些人可能與問題發生的根源有聯繫。

對於新的或潛在的供應商，要查看採購人員的考察報告(如果曾進行過，這是最基本的資料)，同時，不要忽略從供應商的年度報告，或同行業其他公司的同行中得到的信息。同行業其他公司的類似信息也有幫助，特別是當這供應商的數據透過其他管道難以找到的時候。

這些初始的信息絕不能用於預先判斷一個供應商，初始信息只能用於指導在調查中應尋找供應商。

當與一個從來沒有做過生意的行業或供應商打交道時，要注意企業所期望的需求和水準及供應商滿足特殊要求的能力。如制藥公司的

採購人員在評估一家塑膠公司生產藥盒的能力時，也許會發現他們居然沒有品質控制經理、部門以及品質檢查員，但是這家公司可能完全有能力以合適的價格生產合適的產品。

　　在這樣的情況下，真正的品質工程師一定要具有足夠的知識來分辨在一個陌生的領域裏，什麼是目前的實際情況，並牢記企業需要從供應商處獲得什麼樣的信息。

(2) 調查團隊

　　通常，調查團隊可能只由幾個打算花幾個小時考察供應商的品質工程師組成；或來自各個不同領域的專家組成，他們可能會待上一個星期。不論調查的範圍是什麼，不論是一個人或幾個人，每個參與者都要記住自己是團隊的一部份並且代表採購方企業。

　　即使是品質工程師進行的一人調查，也可能承擔對勞資談判、採購政策、新設計概念、加工能力或安全方面的信息的瞭解。調查可能在供應商有關部門輪流開展，如人力資源、採購、開發、工程或運輸等部門。

　　在組織調查團隊前，可以合理預測一下團隊構成對企業相關部門的影響。通常，企業的人力資源主管將高興聽到勞資談判的進展情況；開發部門可能希望跟蹤新設計概念；如果這個過程是由生產人員負責的，工程人員可能會感覺安全一些；運輸部門可能由於得到產品運輸安全的保證而感到滿意。

　　調查團隊成員選定之後，就要開會以確定策略和責任.組織調查會議應早在調查活動正式開始之前就進行，會議應讓參與成員清楚地認識到企業的目標並公開進行討論，應為團隊成員分配各自的責任範圍和特定目標，同時應準備好可能引起供應商興趣的信息。

　　如果團隊中在某一領域有多個成員，就必須明確分配每個成員的

具體責任，以免職責不清，同時還要確定一個人全面負責協調和管理達成一致意見。

在開展供應商調查前，還要檢查、確認以下問題，以免出差錯：

供應商現有的位址、電話。

將接觸的接待人的姓名。

⑶調查的準確日期。

⑷供應商是否為調查做好了準備。

2.評估中量化的應用

所有調查的最終結果都是為了作決定，在理想狀態下，決定是一個明確的接受或拒絕意見。對諸如加工技術這樣的內容所進行的調查，通常不是理想狀態的，總會存在或大或小的不盡如人意的地方，這些在調查團隊的最終建議中都應考慮進去。

為了縮小這種灰色區域的範圍，調查團隊必須澄清並規範信息採集和量化的方法，對檢查的每項設施相應進行同樣的評估，可以採用許多不同的方法。為了作出有效的判斷，通常應用數字、字母或其他規律排列的分數，這樣可使測量結果具體量化。

調查結果是供那些沒有參觀過供應商工廠或現場的人，或作為決策者用的，因此，必須認真描述所有使用的量化方法和評分級別，並保證報告是全面的，沒有加入個人的主觀解釋或對結果的誇大。

調查結果將用來對企業的各供應商進行比較，其中所含的信息將決定訂單的分派，所以，調查必須是直接的、易懂的，並且能夠提供成本和其他選擇過程中可能需要計算的數據。

四、如何展開供應商的品質調查

1. 召開首次會議

調查團隊來到了供應商的工廠後，第一件事就是召開第一次會議。這是一個讓雙方相互瞭解的機會，應準確地解釋調查團隊來到這裏的原因，試圖做什麼，以及期望得到的大概結果。

(1)調查團隊的介紹

如果採購人員是調查團隊中的一員，以前曾會見過供應商，那麼就讓他來介紹調查團隊成員，並強調評估的重要性，以及評估對今後雙方合作的影響。

(2)供應商的參與人員

對於供應商而言，最理想的狀態是由其品質經理、銷售經理、工程部門的領導、其他運營經理、各個部門的行政人員，以及老闆參加會議，讓供應商的各級管理人員瞭解評估調查的範圍和目的是非常重要的。

(3)首次會議的內容

這次會議是建立雙方信任的過程，對問題應避免縮小和誇大，可以堅定地向大家解釋你們是品質專家，在評估方面經過培訓且有經驗；如果調查人員有特殊榮譽或稱號(如 ASQC 認證品質工程師)應告訴大家，這並不是在炫耀。調查人員應簡單地介紹自己在企業中的角色、對供應商領域的相關經驗(如果沒有也不需要為自己找藉口)和對供應商被調查的零件生產、材料或服務的認識。

採購方經理代表對自己的企業作全面介紹(如何時成立、有多少個工廠、員工總數等)，請品質經理介紹企業的品質管理系統.品質經

理應簡要地介紹產品設計信息的處理、加工、檢驗設備、核對總和檢測的內容、支援整個過程的記錄文檔。

第一次會議還應提及該批零件、材料或服務的最重要的特徵和關鍵特性，以便讓供應商的品質經理能更詳細、更有深度地瞭解系統是如何控制要求的。在第一次會議上，調查團隊應詢問供應商已經發現了那些重大問題，是否已在著手改進。調查團隊還可以利用這個機會向供應商簡要介紹產品的用途，並討論設計當中的充分性和局限性等問題。

在第一次會議過程中，最好是做筆記。如果供應商方面不介意，帶上一個答錄機可能會對記錄有所幫助。

在做好筆記後，就應開始著手調查的下一步了：參觀工廠，開展調查。

2.進行調查、參觀

(1)從品質系統中調查

①調查的主要問題。調查團隊關心的主要問題就是如何考察供應商的品質系統，這很重要，因為很少有完全相同的系統，系統之間各不相同。所以，必須從高級管理層的政策、員工的性格、環境方面考察。

②調查的目的和任務。調查的目的是確定供應商的品質系統和工廠設施是否能保證企業所採購的產品持續地滿足規格要求。調查的主要任務是對供應商的品質系統進行評估，而不是命令其進行系統改變。

供應商品質管理系統和工廠設施的結合可以在系統或過程單獨從某一角度觀察，也可以從兩個角度共同進行。這可以在同一次參觀中進行，但不一定由調查團隊中相同的成員進行。

③調查應考慮的問題。調查團隊在考察供應商的品質管理系統時，有一些基本問題應當加以考慮：

品質規劃。品質規劃應集中於預防缺陷，品質規劃應努力在人員能力較弱或不足時，提供最好的控制；品質規劃應對每個元素定義責任；品質規劃應提供設計方案並記錄回饋信息，以正確衡量規劃的有效性，這應包括廣義上的品質成本的分解。

過程控制。在評估過程控制時，注意控制元素是否被包括在操作人員的過程書面指示內。供應商對規格的最低要求符合過程控制的一部份嗎？假設調查中看到令人滿意的控制過程，它是否能夠辨別、評估、分離不符合規格的產品？規劃中是否規定相應措施來防止缺陷的再次發生？

(2)從參觀中獲得信息

參觀工廠是確認所需要的信息或保證與合約相符合最好的、最直接的途徑：

①檢驗場所，在參觀的過程中，可以檢查各種現場場所的角落，看看是否剛被清掃。如果說清潔這樣的地方似乎只是偶爾為之的事情，那麼有可能是供應商認為調查團隊的參觀非常特殊，因而採取了異乎尋常的行動來加深調查團隊的印象。

②檢查儀器和設備。檢查所有的儀器和檢驗設備是否有明顯的灰塵印記，特別要注意那些由於經常使用從而積塵最少的地方；如果有儀器設備被蓋住了，檢查它們是否很髒，這可能說明這個儀器或設備很少使用。

③檢查品質控制規程手冊。想辦法查看部份或所有的品質控制規程手冊，如由工廠檢驗員、監視人員或審查人員使用的手冊，如果有手印、污點、捲邊或折損的頁，則意味著手冊還在被使用；反之，則

說明手冊不經常更新。查找修訂日期時，應小心地詢問廠內人員誰會使用該規程，問他們是否看見過或聽說過品質控制手冊。

④觀察品質檢驗。觀察品質檢驗時應儘量確定抽出了多少個檢驗樣本，在那裏抽取，間隔是多少。觀察到的結果將說明品質檢驗是否很好地計劃並執行著，是否只是事後想起的偶然行為。對於許多工廠和產品來說，可以檢查其被保存的樣品和管理產品的方法。如果供應商系統地運行一個樣品庫，則說明高級管理層確實具備品質意識，或者他們在過去曾有較差品質的經歷，因而希望從問題中學習，並且希望避免問題的再發生。

⑤專有信息與保密協議。如果討論專有信息，或參觀能看到專有產品或技術過程的區域，則應在參觀之前得到有效的法律指示。與供應商確定那些地區屬於專有的地區，區分真正的專有和那些不被法律保護的生產上的常規內容。

需要注意的是，應在仔細檢查內容、討論了調查團隊的義務並表示同意之後，才能與供應商簽訂有關保密協議，將調查團隊能夠接觸專有信息的人員數量控制在必需的範圍之內。

3.評估記錄系統

(1)評估記錄系統的準則

①在評估記錄之前，必須對管理和合約要求作出定義。多數情況下，合約不僅要求記錄產品品質狀況的證據，還必須包括可能影響品質的所有方面，如：檢驗記錄、檢測數據單、原材料證明、熱處理記錄、校正數據、鍍層記錄、X射線檢查等。

②最有效的評估檢驗級的記錄方法就是選擇一個批次/零件並跟蹤到原材料狀態。選擇一個不是很久以前的樣品，也不要選擇太新的，而且選擇的樣品應在供應商能接受的最長的時間框架內，因為在

這個時間裏，任何不合格的理由都是不能找到藉口的。這也可以用來檢查數據檢索系統的準確性。

③選擇大量觀察點，以便能夠對供應商記錄系統的可接受度有一個判斷。如果調查團隊需要很多的樣品來進行判斷，這也說明記錄系統的可信度較低。

④作為將來可能的客戶，調查團隊是在辨別實際的和可能存在的問題，改正這些問題以及所有可能的類似而未被發現的問題是供應商的責任。

(2)檢查的內容和評估方法

①記錄是否整潔。潦草的記錄，如果是可以辨認的，就不能成為拒絕的理由；不能辨識則可作為拒絕的理由。

②進行的修改是否恰當。如果用一條線畫掉了原始數據，但是沒有塗去它，並標註了修改者的姓名，這樣的修改是一位負責任的人做的，是可以接受的；其他的方法則意味著是草率的做法或有編造數據的跡象。

③所有空位是否都是用印刷體填寫。空格位置填上「─」和「不適用」是可接受的，「─」和「不適用」說明檢驗人員考慮了要求並按照要求去做了。

④檢索系統是否及時、恰當。不能獲得或遺失記錄可能說明系統是不適當的。

⑤記錄中是否包含隨機變數。沒有隨機變數不應是拒絕的理由，除非它違反了一些具體的合約要求；有隨機變數通常說明這是個專業的品質系統。

⑥數據品質情況。如果記錄中十分明顯地出現準確數據，而且是某個特定參數(特別是恰巧在規定值的範圍內)，數據是值得懷疑的，

也許這是檢驗員人為的；也許是檢驗設備校正得太粗糙了。正常時，應當看到多數數據形成某種沒有偏移的分佈曲線。在檢查這些數據時，可以在頭腦中構成其分佈狀況表。

⑦檔案是否是當前的。一大堆未歸檔的數據可能是由於缺乏人力、缺乏關心，或是缺乏真正的品質活動而引起的。採集數據不等於品質控制，最重要的是數據是否被用來影響產品品質。對於多數供應商而言，訂貨合約並不要求他們提供詳盡的隨機變數數據、品質成本趨向分析、控制曲線圖等。但是，這些文件和數據會出現在致力於品質提升的工廠中。為了保持硬體的完善，需要維護數據證明檢驗狀態，為了應用數據調整品質計劃從而實現最經濟的成本平衡，需要一個真正的專業數據收集和應用系統。

4.召開結束會議

結束會議是調查團隊結束調查離開工廠前與供應商管理人員的最後一次接觸。在會議之前要準備演講，具體講調查的過程中發現的不符合要求的地方，將它們按重要性順序排列下來，並準備按照欠缺和不符合的要求來解釋每一項。會議宜先指出潛在供應商的品質管理系統的優勢所在，以使他們充滿信心，如果有什麼特別值得稱讚的地方，就先從這點開始演講。

如果供應商代表對調查團隊所指出的不符合要求的地方不能完全理解，那就做好充分準備陪他們到存在問題的地方，向他們解釋。

在結束會議上，經雙方討論之後，每個不符合要求的項目都應以書面形式記錄下來，供應商應對每一項都給出改正措施的完成期限。不符合要求的各項項目的目錄應有供應商代表以及調查團隊的代表簽字，以說明這些都已得到了全面的理解。

5.出具最終報告

進行調查或品質系統評估的最終結果，應是一份能夠令調查與被調查雙方理解的最終報告。一份好的報告能有效地交流發現的事實，用原始觀察的事實來支持結論，是對調查團隊工作的真誠的、客觀的總結。報告應理性地描繪情況，並向供應商提出建議以指明採取糾正措施的方向。當情況比預想的要好時，不要忘記對其給予充分的肯定，但是要避免不謹慎的讚揚；同樣，要避免不恰當的批評和對最終報告可信度的破壞。

最終報告應以適合大眾的形式和語言編寫，即使是正式報告也可以是敘事的風格；盡可能少用曲線、圖表和比率。如果確實需要使用這些工具，應儘量簡單，只強調重要的內容。另外一個應用這些圖表的方法是，在報告中將它們用作參考，轉變成報告附錄的形式。這是寫報告時應牢記的原則。

報告中應列出調查與被調查雙方出席活動的所有成員，不要遺漏任何人，保證姓名和職務的拼寫完全正確，在這方面的粗心可能會不必要地惹惱某人，使調查任務更加困難。

最終報告應一開始就對所進行的工作進行簡要概括並突出各條建議，這使得忙碌的經理們能在最短時間內瞭解基本事實；接下來講觀察到的事實、支援的討論，需要時加入詳細的建議；當有破壞規定、規程或過程的情況時，也應給出建議；關於做某事有更好方法的意見，也應作為建議或評論提出。

不要忘記在報告最後向供應商表示感謝，感謝他們付出了時間，提供了幫助和合作。

五、企業派駐檢驗員到供應商

派駐檢驗人員到供應商處,不過是將進料檢驗人員前移到供應商處,降低供應商的品質成本,間接降低採購方企業的成本。

採用派駐檢驗人員有如下優點:

⑴降低供應商可能的損失,如運輸、返工的時間。

⑵可以在來料產品包裝以前發現和判定品質問題。

⑶可以精簡採購方企業的 IQC 部門及人員,使在企業內的 IQC 人員人數可以相對減少。

⑷對企業實行來料零庫存目標有幫助。

⑸對來料時間(即交貨期)更有保障,使物控更好。

⑹使企業採購部門的職能簡化,變成只簡單下單,減少新供應商採購風險。

⑺根據本企業實際狀況及 IQC 檢驗狀況,專門加強檢驗某個項目,針對性強。

採用派駐檢驗人員到供應商處的方法只適合於同時滿足以下條件狀況下實施:

⑴本企業必須為中型或大中型企業。

⑵供應商必須為中型或中小型企業。

⑶供應商與企業之間距離較近,企業與供應商的交通便捷。

⑷本企業能接受來料運輸中可能出現的品質變異或運輸不會影響來料品質。

⑸能承受後段可能出現的品質問題,或該原料不會造成重大品質缺失,而且可以彌補。

⑹與該供應商關係「特別好」，且有大量訂單下給該供應商，一般訂單量達到該供應商產量的 30%以上。

⑴派駐檢驗人員的基本任務

在生產階段，派駐檢驗人員除了確定提交的零件/材料是否達到可以接受的正常功能外，還承擔保證供應商生產線正常運行的其他基本任務：

①連續地對供應商的表現進行評估。即除了進行品質評估，還應注意其他所有可能影響生產和交付時間的情況，並隨時通知管理層。

②與供應商協調產品規格變化和採購訂單的變化，並報告執行的有效性。

③與供應商協調解決與產品有關的任何問題。如果問題發生在供應商內部，則必須採取一些措施避免重蹈覆轍。

④只允許供應商發送那些根據規格、樣品或採購訂單認為能夠接受的產品。

⑵派駐檢驗人員的工作

在進行來源檢驗時，派駐檢驗人員的一個最關鍵的功能是記錄。記錄的準確是最重要的，至少應記錄如下信息：

①供應商名稱和地址。

②圖紙編號、版本和採購訂單。

③檢查的數量。

④合格的數量。

⑤廢品原因。

⑥聯繫洽談拒收事宜的供應商方面人員。

⑦採取的糾正措施。

所有進行過來源檢驗的產品發送單，都應註明所發送的產品已經

過來源檢驗、測試,並被派駐檢驗人員接受了,通常發送單上需要有派駐檢驗人員的簽字或蓋章。

(3)派駐檢驗人員的管理

有時候,當派駐檢驗人員住在供應商工廠時,企業有可能忘記了他。這是非常不愉快的情況。所以企業必須定期通知派駐檢驗人員本企業內發生的事情;如果有可能晉升的機會,應考慮派駐檢驗人員。當派駐檢驗人員回到企業時,不應被看作外人,而應受到歡迎並被當作品質保證團隊的不可缺少的部份。應隨時通知派駐檢驗人員所有圖紙、採購訂單上供應商的內容和工作範圍的變化,應委派他參加在供應商處召開的所有可能影響工作範圍的會議;如果不能參加,應將會議記錄發給他。

六、供應商所交貨品的來料驗收

驗收是指檢查或試驗後,認為供應商供貨合格而接收物料或產品。檢查的合格與否,則需以驗收標準的確立,以及驗收方法的制定為依據以決定是否驗收。

(1)驗收標準

所謂的驗收標準,其一是以物料或產品好壞為標準;其二是在驗收檢查時的試驗標準。前者常有限制,可因人而異,所以並不具體;後者則就抽樣鬆緊方法的不同而言,有時因供應商信用可靠不經檢驗即可透過。因此,驗收只是一種手段,而不是目的。無論如何,驗收必須要考慮到時間與經濟原則,並經雙方協定後,才能收到效果。

(2)制定標準化規格

規格的制定涉及專門技術,通常由採購方提出,要以經濟實用,

以及能夠普遍供應的為原則，切勿要求過嚴。所以在制定規格時，要考慮到供應商的供應能力，又要顧及交貨後是否可以檢驗。否則，一切文字上的約束易流於形式；但也不能過寬，致使劣貨充斥，影響使用。總的要以規格的擬訂與審查走向合理化、標準化的途徑，如此，驗收工作才能有合理的標準可循。

⑶確定交貨驗收時間

採購合約應定明交貨期限，包括：製造過程所需預備操作時間，供應物資交貨日期，特殊器材技術驗收時所需時間，或分期交貨的排定時間。同時，如果發生延長交貨的，其延長交貨時間也應事先預計，以便相互配合。

⑷確定交貨驗收地點

交貨驗收的地點通常是合約的指定地點，如果遇到交貨地點因故不能使用，需要移轉至其他地方辦理驗收工作時，也應事先通知採購方檢驗部門。

⑸確定交貨驗收數量

採購方檢驗部門依合約所定數量加以點收。

⑹確定交貨時應辦理的手續

每次交貨時，由供應商列出清單一式若干份，在交貨當天或交貨前若干天送採購方，同時在清單上註明交付貨品的名稱、數量、商標編號、毛重、淨重，以及運輸工具的牌照號碼、班次、日期及其他還需註明點，以作準備驗收工作用。同時，採購合約的統一號碼、分區號碼、合約簽訂日期及通知交貨日期等，也應註明在該清單上，以供參考。

⑺實際驗收工作時間

驗收的時間視實際需要而定，一般以盡速盡善為準，不可拖延太

久，妨礙使用時效，所以應明確規定驗收工作時間。

⑻拒絕收貨的貨品處理

凡不符合規定的貨品，應一律拒絕接收。合約規定准許換貨重交的，待交妥合格品後再予發還，應該依合約規定辦理。

⑼驗收證明書

採購方在到貨驗收之後，應給供應商驗收證明書。如因交貨不符而拒收，也需詳細寫明原因，以便洽辦其他手續。上項驗收結果，應在約定期間內通知供應商。

⑽確定驗收的方法

驗收工作的準備十分重要，通常合約均寫明供應商必須在某年某月某日前交貨；並須在交貨前若干日，先將交貨清單送交採購方，以利採購方準備驗收工作，如安排儲藏空間及擬訂驗收作業流程等，都須事先安排妥當，屆時驗收工作才能順利進行。

2.驗收發現品質異常的聯絡與處理

採購方在來料檢驗中發現品質如有異常，可遵照以下要點來進行：

⑴由檢驗員判定為拒收批，檢驗員須填寫「檢驗品質異常報告」。

⑵「檢驗品質異常報告」開出後，還需填寫「供應商異常處理聯絡單」，要求供應商在規定時間內提出改善對策。

⑶生產部門依據用料需求狀況，確定是否召開材料需求會議。會議由生產部門、技術部門、採購部門、品管部門等部門組成，並作出決議。

⑷採購部依據材料需求決議及特採會議會簽結果執行採購。

七、供應商的品質問題解決方案

進行供應商品質調查跟蹤的目的，是調查團隊確認在上一次調查時不符合資格的供應商是否採取了令人滿意的糾正措施。

在與供應商各級人員的交往過程中，任何時候調查團隊都應保持願意真誠幫助和積極的態度，並及時提供支援。

1. 跟蹤的準備

供應商和調查團隊在上次調查結束會議上，肯定已經就改善措施的時限表達成了一致意見，改善措施的安排應包括在調查報告中以及供應商正式的反映中。在進行跟蹤訪問之前，必須認真重讀調查報告和供應商方面的正式反映。

2. 確定跟蹤日期

調查團隊與供應商聯繫，確定一個雙方都同意的日期進行跟蹤訪問。應在需要改善的措施已經得到執行和報告後，儘快確定進行跟蹤訪問的日期，確認所有的改善措施都已完成。如果改善措施沒有在要求的時間內發揮功效，企業管理層的政策應針對這種情況提出其他合適的方法。

在跟蹤訪問期間，調查團隊應當表示出正面的態度。如果所有的改善措施被接受並實施，也沒有發現另外的問題，供應商就應被認為有合格供應商的資格了。如果不能證實改善措施是否正確，應考慮以下兩點：

①如果供應商已經作了努力但還沒有達到要求，則可能是雙方在交流上存在問題，應與供應商責任人員一起重新研判調查報告和報告的改善措施。

②如果要求沒有得到全面滿足,應告訴供應商,他們暫時不能獲得合格供應商資格。在調查前雙方應有約定的另外解決方法,並根據情況向供應商提出建議。

也許在跟蹤訪問中會遇到一種情況:這個供應商具有對企業而言很重要的、獨特的能力,但是沒有資源來投資以提供特定的品質保證。那麼若有可能,跟蹤報告應提出其他相關控制方法的建議,或直接幫助供應商克服困難。

與供應商簽訂品質問題解決方案是最傳統簡單的方法,是指供需雙方在交易前簽訂品質協定。該協定往往是企業與供應商簽訂購貨協定中的主要部份,在購貨協議中必須列明品質保證協議條款。這份協議主要是供需雙方為確保交貨物品的品質,相互規定必須實施的事項,並根據這些事項執行品質檢驗、維持與改善,對於保證雙方的生產效率與利潤都有益處。

3.品質保證協議

企業應與供應商達成明確的品質保證協議,以明確規定供應商應負的品質保證責任。協定可包括下列一項或多項內容:

⑴確認供應商的品質體系。

⑵隨發運的貨物提交規定的檢驗或試驗數據以及過程控制記錄。

⑶由供應商進行 100%的檢驗或試驗。

⑷由供應商進行批次接收抽樣檢驗或試驗。

⑸實施本企業規定的正式品質體系。

⑹由本企業或第三方對供應商的品質體系進行定期評價。

⑺內部接收檢驗或篩選。

4.驗證方法協議

企業與供應商就驗證方法達成明確的協定,以驗證產品是否符合

要求。協議應具體規定：

⑴檢驗項目。

⑵檢驗條件。

⑶檢驗規程。

⑷抽樣方法。

⑸抽樣數據。

⑹合格品判斷標準。

⑺供需雙方需交換的檢測資料。

⑻驗證地點。

5.解決爭端的協議

為解決企業和供應商之間的品質爭端，需就常規問題和非常規問題的處理作出規定：

⑴常規問題，即不符合產品技術標準的一般性品質問題。

⑵非常規問題，即產品技術標準範圍之外的品質問題、成批不合格或安全特性不合格等。

⑶制定疏通企業和供應商之間處理品質事宜時的聯繫管道和措施等。

供應商品質系統調查

綜合

1. 能否提供同生產和其他部門的品質關係組織結構圖？

· 品質經理向誰彙報？

· 是否為每個員工制定了任務書？

2. 備有品質手冊嗎？它是否包括定義品質系統的組織、功能和運

營的規程？

- 發生變化時，品質手冊是否也得到更新？

- 它包括涉及本調查的規程嗎？

3.是否具有提供給×公司的產品的從接收到運輸的品質計劃？

- 它包含必備的信息嗎？

- 是否制定了過程流程圖以輔助管理計劃？

4.具備製成文件的系統以保證只有最新應用的圖紙和規格在生效？

- 是否建立了日誌以記錄最新的數據和修理水準？

- 是否所有過時的信息均已從所有應用點去除？

- 每年是否按照最後日期和水準驗證對圖紙和規格進行檢查？

5.是否進行定期有記錄的內部系統審核？它的評估相關系統、規程和記錄存取是否符合品質？

- 管理層聽取並檢查結果和改進措施嗎？

- 至少每季進行一次自我審核嗎？

  是否具備整理和存取與品質有關記錄的系統？

- 品質系統的記錄是否保存五年？

- 品質表現記錄是否保存兩年？

接收

- 是否對接收材料有成文的檢驗指示？

- 核對總和測試的結果形成文件嗎？或供應商接收到分供應商的分析證明嗎？

- 每年進行分供應商的認證驗證嗎？

- 接收標準是零缺陷嗎？

- 是否在接收材料時正確辨識混淆及誤用有缺陷的庫存？

- 是否應用批次管理？
- 鼓勵分供應商應用 SPC 嗎？
- 要求分供應商提供統計控制和能力的證據嗎？
- 供應商應用一套系統定期審核分供應商嗎？
- 每年進行供應商調查嗎？

過程中和運輸

1. 對每個過程中的操作和運輸材料有成文的檢驗指示嗎？
- 展示這些指示嗎？或在每個檢測地點的文件中？
- 檢測的過程參數結果是否記錄在案？
- 接受標準是零缺陷嗎？

2. 生產操作者對產品品質或檢驗有責任嗎？
- 當檢測到不合格產品時操作者有權停止操作嗎？

3. 具備有效地對所有物品的控制系統（包括不合格材料的隔離）嗎？
- 是否應用材料分類、隔離區等？

4. 每批提供給××公司的產品是否都有分析證明？
- 運輸外包裝有標籤以區別嗎？
- 文件包含必需信息嗎？
- 向其他客戶提供什麼信息？
  運輸、存儲、包裝是否適合保護產品品質？
- 工廠的整理、清潔、環境和工作條件是否適當？

不合格產品管理

1. 在發現不合格材料的事件中是否包含已制訂改正措施計劃？
- 材料分類、隔離嗎？
- 負責的管理人員對品質問題警覺嗎？

· 通知××公司已經運輸懷疑不符合品質的材料了嗎？

2. 對不合格材料返工/分類後，在發送前是否透過正常的檢驗過程進行重新檢驗證明？

3. 是否具備記錄改正措施以防再次發生的系統？

· 適當的地方是否有統計信息？

· 它是否包括××公司品質問題反映工作單？

測量/檢測設備

1. 是否具備成文的文件以管理測試/檢測設備的校正和維護？

· 記錄是否明確儀器編號、校正規程、規格、校正日期、結果、簽字、有效期等？

2. 是否對照標準驗證儀器的精度？

· 能否跟蹤到國家或國際相關標準？

3. 是否進行儀器/測試設備的可重覆性和可再現性研究？

· 當測試系統的變化被確定為超過標準時，是否採取糾正措施？

持續改進

1. 對過程參數和（或）產品性能是否應用控制曲線圖？

· 被控制性能的控制曲線圖是否正確繪製？

· 包括非隨機模式的失控狀態是否被標註在曲線上？

· 是否採取改正措施以將過程重新納入控制狀態？

· 是否制訂改進計劃以減少變化因素？

2. 對過程參數和產品性能是否進行過程能力研究？

· 供應商是否超過××公司的 Cpk（制程能力指標）最低要求？

· 當控制和（或）能力（產品和過程）沒有指出時，是否制訂改進計劃？

· 能向其他客戶提供什麼能力？

3. 供應商提供給××公司的季過程能力總結報告正在進行嗎？

（總結包括以下各點：封面；組織圖、控制計劃和修訂的流程圖；控制圖；長期過程能力表格；根據需要的××公司工作單；根據需要的供應商證明文件；每年提供持續改進計劃）

4. 是否制訂了持續改進計劃？

‧ 有計劃進行全員教育和培訓嗎？（包括管理層和職員，以提高他們對於團隊建設、問題解決、統計、領導、產品和系統等的理論和工作相關的技能）

‧ 計劃是否描述了將來的與此調查和全面經營評估相適應的改進活動？

‧ 高級管理層是否批准此計劃並透過資源分配支持計劃？

‧ 計劃是否每季更新並每年由組織內各部門制訂？

八、早期的供應商參與

在激烈的市場競爭環境下，生產企業必須能夠及時滿足客戶急速變化的各種需求。這決定了產品開發越來越向供應鏈前端傾斜——誰能夠在最短的時間內研發出滿足客戶需求的產品，誰就能在競爭激烈的市場中站穩腳跟。一些企業將產品設計活動延展到了供應商管理環節，讓供應商參與產品設計，以更有效地為企業提供服務與技術支援。

1. 早期供應商參與

早期供應商參與，是指產品開發階段，客戶與供應商之間，關於產品設計和生產以及模具、機器、夾具開發等方面所進行的技術探討

過程。

　　早期供應商參與的主要目的是為了讓供應商清楚地領會到產品設計者的設計意圖要求，同時也讓產品設計者更好地明白模具、機器、夾具生產的能力及產品的技術性能，從而做出更合理的設計。如圖 5-1 所示。

圖 5-1　早期供應商參與運作流程

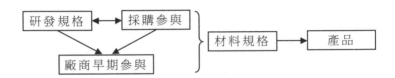

　　早期供應商參與不僅有利於企業，也有利於供應商，並為他們建立長期穩定的合作關係創造了條件。

　　從企業的角度來看，早期供應商參與至少具有以下優點。

(1)縮短產品開發週期

　　統計結果表明，早期供應商參與的產品開發項目，開發時間平均可以縮短 30%～50%。

(2)降低開發成本

　　一方面供應商的專業優勢，可以為產品開發提供性能更好、成本更低或通用性更強的設計；另一方面由於供應商的參與，還可以簡化產品的整體設計。

(3)改進產品品質

　　供應商參與設計從根本上改變了產品品質。一是供應商的專業化水準提供了更可靠的零件，能夠改進整個產品的性能；二是由於零件可靠性的增加，避免了隨後可能產生的設計變更而導致的品質不穩定。

(4)降低採購成本

對採購成本而言，實現供應商早期參與，有以下好處。

①節約尋找供應商的花費成本。

②減少供應商出錯而導致的成本損失。

③借助供應商的專業知識來達到降低成本的目的。

2.早期供應商的提出

早期供應商是一種實踐，即在早期的生產發展過程中，透過採購方的生產團隊把一個或更多供應商一起引進來，借助供應商的專業知識和經驗來規範生產，使生產、組裝和配送能夠得以順利、高效的實施。早期供應商的作用如表 5-1 所示。

表 5-1　早期供應商產生作用的方面

產生作用的方面	說　　明
製造過程	採購方和供應方共同工作，能消除大量的成本冗餘。如果供應商能在早期介入製造過程的規劃中，將節省大量的時間和金錢。供應商也會針對企業技術生產流程的設備種類提出建議
資金預算	供應商的早期參與，不僅可以加速資金項目建議的開發，而且縮短了後期資金取得的過程。對設備和設施需求的預測，允許潛在供應商提前分配好生產和人力
產品開發	在早期的產品開發中，供應商會提供模型或測試樣品，用以在企業的產品開發週期中測試或使用。對於早期產品開發的努力是否能提供最大價值，促進企業與供應商之間有效的交流和回饋是非常重要的

產生作用的方面	說　明
成　本	供應商能對製造某種產品的成本提供有用的意見。如果供應商在一種新產品上投入了成本，那麼也就能防止企業在作出成本判斷時付出高昂的代價，並且能增強企業的決策力
品　質	供應商早期介入產品和流程的具體開發中，能幫助降低產品或服務的品質成本，還能幫助企業以最有效的方式，來開發滿足客戶品質要求的產品
技　術	供應商在技術領域的專業知識會對設計人員有所幫助，並有助於縮短設計到投放市場的週期
設　計	供應商根據服務於某類市場的經驗，對於產品的設計提供建議。基於對供應商技術保密的認識，與供應商有長期合作關係的採購方可以經常派設計人員去徵求供應商的建議
產品的合作開發	在產品或服務的合作開發中使用供應商，可以使開發成本得到分攤，將合作開發的風險轉嫁給更多的企業，當然這也意味著投資回報的分攤
週　期	透過和供應商合作，總的開發週期將被縮短。它們能夠幫助企業排除在產品開發、生產和發送過程中的時間冗餘。如果產品和流程是適當的，那麼提供合格產品所需的週期也會被不斷壓縮

3.供應商參與產品設計的必要性

實踐證明，把供應商納入新產品開發中，能夠有效地降低成本和改進產品。正是由於這個原因，越來越多的企業在提出「聯合制造」之外，還提出了「合作設計」的合作思路。

將供應商納入計劃之中所帶來的益處。因此，在產品設計和開發過程中，企業應與供應商建立多種不同的關係。

需要注意的是，在此過程中，採購方應合理區分協同設計（供應商在何處參加開發規程的制訂）、協同開發（共同確定滿足規格要求的產品模型）、協同製造（按照規格和生產進度表生產）之間的關係。

4.【案例】哈雷與供應商共同開發產品

每一個對供應鏈重視的企業都有自己獨有的方法處理最終客戶問題。哈雷（Harley Davidson）摩托車公司的採購物料佔產品成本的50%以上，所以它必須認真對待供應鏈上的所有客戶。

公司採用了多種方法來保持與最終用戶的聯繫。其中最出名的就是它每半年一次的摩拖車拉力賽，全美的哈雷騎手在該賽事上聚集一堂。哈雷的採購人員和其重要供應商就在賽事的 2～3 天內透過調查收集信息，面對面地交流與溝通。

每年夏天，公司在全美各城市舉辦經銷商產品發佈會，會上除了介紹新型號產品外，還解答客戶關心的問題。拉力賽和發佈會上收集的信息都被輸入到公司的資料庫以便對產品開發作評估測試，供應商同時也進行資料和回饋的收集。然後哈雷公司會和供應商、技術部門進行一系列的討論，結果很有可能是一部新型號的哈雷摩托車將很快誕生。

第 **6** 章

供應商的交期管理

　　採購合約簽訂後，採購方應對所採購的物料進行跟催，督促供應商及時交貨。

　　採購後的交貨期，是指制訂採購計劃到貨時間與生產材料的調配、製造、運送時間及採購人員選定適當的交易對象、購買以及議價所必要的時間。

　　如果無視製造業的客觀進度，一味強調交貨日期很短的訂貨，必然無法期待以「適當的價格」取得「良好的貨品」。

　　因此，採購人員需要經常和請購部門接觸，在友好而協調的氣氛中根據雙方的情況以設定適當的交貨日期。

　　確保交貨期的目的，旨在將生產活動所需的物料，在必要的時候切切實實進貨，從而以最低的成本來完成生產。

　　此處所稱的「必要的時候」，是指為了以最低的成本完成生產任務，預先所計劃好的物料進貨時期。所以，遲於該時期固不用說，早於該時期也非適宜，確保交貨期的重要性就在於此。

有可能延遲交貨的物料，應予早期發現，從而防止其發生，同時也應抑制無理由的提早交貨。

交貨期的延遲，毫無疑問會妨礙生產活動的順利進行，對生產現場與其有關部門將帶來有形、無形的不良影響。

由於物料進庫的延遲，發生空等或耽誤而導致效率下降；為恢復原狀（正常生產），需加班或假日出動，導致增加人工費用；產品交貨延遲，會失去客戶的信用，導致訂單的減少；成為修改或誤制的原因；延遲的頻度高，需增員來督促；使作業人員的工作意願減退。

一般人總以為「提早交貨的不良影響」不如延遲交貨，實際上，兩者都會成為增加成本的原因：

允許提早交貨則會發生交貨的延遲（供應商為資金調度的方便會優先生產價格高的物料以提早交貨，所以假如允許其提早交貨，就會造成低價格物料的延遲交貨）。

不急於要用物料的交貨必定增加存貨，導致資金運用效率的惡化。因而能否確保交貨日期，對經營效果有很大影響。

一、要控制影響交貨期的因素

適當的交貨期是指制訂採購計劃到貨時間與生產材料的調配、製造、運送時間及採購人員選定適當的交易對象、購買以及議價所必要的時間。

如果無視製造業的客觀進度，一味強調交貨日期很短的訂貨，必然無法期待以「適當的價格」取得「良好的貨品」。

因此，採購人員需要經常和請購部門接觸，在友好而協調的氣氛中根據雙方的情況以設定適當的交貨日期。

交貨期是由以下六項前置時間所構成,所有前置時間的總和又稱為累計前置時間。

1. 行政作業前置時間

行政作業所包含的時間是採購方與供應商之間共同為完成採購行為所必需進行的文書及準備工作。對採購方而言,包括了選擇或開發供應商、準備採購訂單、取得採購授權、簽發訂單等;對供應方而言,則包括採購訂單進入生產流程、確認庫存、客戶信用調查、生產能力分析等。

2. 原料採購前置時間

供應商為了完成客戶訂單,也需要向他自己的下一級供應商採購必要的原材料,如塑膠、金屬原料、紙箱等,需要花費一定的時間。

在訂單生產型模式中,產品的生產是等收到客戶訂單之後才開始的。依訂單生產的形態,原料的採購佔總交貨期時間相當大的比例。

在組合生產型模式中,產品的組合生產也是等收到客戶訂單後才開始的,所不同的是一些標準零件或組裝已事先準備妥當,主要零配件、材料和次組裝已在接到訂單之前完成,並放入半成品區。一旦接到訂單,即可按客戶的要求從標準零配件或次組裝中快速生產出所需產品。

而在存貨生產型模式中,產品在收到客戶訂單前已經被製造並存入倉庫。這種形態的生產對原料採購前置時間的考慮一般很少,通常下了訂單後就可安排運送並知道到貨時間。

3. 生產製造前置時間

生產製造前置時間,是指供應商內部的生產線製造出訂單上所訂產品的生產時間,基本上包括生產線排隊時間、準備時間、加工時間、不同工序等候時間以及物料的搬運時間;其中非連續性生產中,排隊

時間佔總時間的一大半。在訂單生產型模式中，非加工所佔時間較多，所需的交貨期較長；而在存貨生產型模式中，因生產的產品是為未來訂單作準備的，採購交貨期相對縮短；組合生產型模式中，對少量多樣的需求有快速反應的能力，交貨期較存貨生產型模式長，較訂單生產型模式短。

4.運送前置時間

當訂單完成後，將產品從供應商的生產地送到客戶指定交貨點所花費的時間為運送前置時間。運送時間的長短與供應商和客戶之間的距離、交貨頻率以及運輸方式有直接關係。

5.驗收與檢驗前置時間

該時間主要包括：

⑴卸貨與檢查。主要檢查是否有不完整的出貨、數量是否有誤、有否明顯的包裝損壞。

⑵拆箱檢驗。確認交貨產品是否與訂單一致，同時檢查數量與外觀瑕疵。

⑶完成驗收文件。

⑷將產品搬運到適當地點。

6.其他零星前置時間

此外，還包括一些不可預見的外部或內部因素所造成的延遲，以及供應商預留的緩衝時間。

二、分析供應商交貨期延遲的原因

如果交貨期延遲的事情常常發生，則要積極檢討供應商交貨期延遲的原因，並探討解決延遲的辦法。供應商交期延遲的原因可運用特

性要因圖的方法來進行分析。

1. 供應商的原因

(1)超過生產能力或製造能力不足

出於供應商的預防心理，其所接受的訂單常會超過其生產設備的能力，以便部份訂單取消時，尚能維持「全能生產」的目標。有時，供應商對採購方的需求狀況及驗收標準未詳加分析就接受訂單，最後才發覺力不從心，根本無法製造出符合要求的產品。

(2)轉包不成功

供應商由於受設備、技術、人力、成本等因素限制，除承擔產品的一部份製造過程外，有時另將部份製造工作轉包他人。由於承包商未能盡職責，導致產品無法組裝完成，就會延遲交貨的時間。

(3)製造過程或品質不良

有些供應商因為製造過程設計不良，以致產出率偏低，必須花費許多時間對不合格製品加以改造；另外，也可能因為對產品品質的管理欠佳，以致最終產品的合格率偏低，無法滿足交貨的數量。

(4)材料欠缺

供應商也會因為物料管理不當或其他因素造成材料欠缺，以致耽擱製造時間，延遲了交貨日期。

(5)報價錯誤

如果供應商因報價錯誤或承包的價格太低，以致尚未生產即已預知面臨虧損或利潤極其微薄，因此交貨的意願不強，或將其生產能力轉移至其他獲利較高的訂單上，也會延遲交貨時間。

(6)缺乏責任感

有些供應商爭取訂單時態度相當積極，可是一旦得到訂單後，似乎有恃無恐，往往在製造過程中顯得漫不經心，對如期交貨缺乏責任

感,視延遲交貨為家常便飯。

2.採購方的原因

(1)緊急訂購

由於人為的因素(如庫存數量計算錯誤或使庫存材料毀於一旦)因此必須緊急訂購,但是供應商沒有多餘的生產能力來滿足臨時追加的訂單,導致停工斷料一段時間。

(2)低價訂購

由於訂購價格偏低,供應商缺乏交貨意願,甚至借延遲交貨來要脅採購方追加價格,以至取消訂單。

(3)採購備運時間不足

由於請購單位提出請購需求的時間太晚,例如國外採購在需求日期前三天才提出請購單,讓採購單位措手不及。或由於採購單位在詢價、議價、訂購的過程中花費太多時間,當供應商接到訂單時,距離交貨的日期已不足以讓他有足夠的購料、製造及裝運的時間。

(4)規格臨時變更

製造中的物品或施工中的工程,如突然接到採購方變更規格的通知,物品就可能需要拆解重做,工程也可能半途而廢,重起爐竈。若因規格變更需另行訂制或更換新的材料,也會使得交貨期延遲情況更加嚴重。

(5)生產計劃不正確

由於採購方產品銷售預測不正確,導致列入生產計劃的產品已缺乏需求,未列入生產計劃的產品市場需求反而相當急切,因此需要緊急變更生產計劃。此舉會讓供應商一時之間無法充分配合,產生交貨延遲情形。

⑹未能及時供應材料或模具

有些物品是委託其他供應商加工，因此，採購方必須供應足夠的裝配材料或模具；採購方若採購不及，就會導致承包的供應商無法進行工作。

⑺技術指導不週

採購的物品或委託的工程有時需要由採購方提供製作的技術，採購方指導不週全，會影響到交貨或完工的時間。

⑻催貨不積極

在市場出現供不應求時，採購方以為已經下了訂單，到時候物料自然會滾滾而來。未料供應商「捉襟見肘」，因此「挖東牆補西牆」，誰催得緊、逼得凶，或是誰價格出得高，材料就往誰那裏送。催貨不積極的買主，到交貨日期就可能收不到採購物品。

5.其他因素

⑴供需雙方缺乏協調配合

任何需求計劃，不應只要求個別計劃的正確性，更須重視各計劃之間的配合性。各計劃如未能有效配合，可能會造成整體計劃的延遲。因此，交貨期延遲的防止，必須先看本身計劃是否健全，然後看供需雙方計劃或業務執行的聯繫。

⑵採購方法欠妥

以招標方式採購雖較為公平及公正，但對供應商的承接能力及信用等均難以事先有徹底瞭解。中標之後，中標者也許無法進料生產，也許無法自行生產而予以轉包；更為惡劣者，則以利潤厚者或新近爭取的客戶優先，故意延遲。因此，要避免供應商造成的交貨期延遲，應重視供應來源的評選，即凡有不良記錄的應提高警覺，特別在合約中詳加規定交貨辦法、逾期交貨的管制，如要求供應商提出生產計劃

進度、履約督導或監督辦法。簽約後，供應商必須依照承諾生產交貨，否則除合約被取消外，還要承擔因延遲交貨發生的損失。

(3) 偶發因素

偶發因素多屬不可抗力，主要包括戰爭、罷工、自然災害、經濟因素、政治或法律因素等。

三、控制交貨期的方案

要做好交貨管理，應有「預防重於治療」的觀念，事前慎選有交貨意願及責任感的供應商，並安排合理的購運時間，使供應商從容履約。

1. 確定合適的交貨期

要確定合適的交貨期，首先就必須瞭解交貨期的時間構成，制定合理的購運時間。將請購、採購、賣方準備、運輸、檢驗等各項作業所需的時間予以合理的計劃，避免造成供應商無法解決的問題。

2. 確定供應進度監視的方法

採購方早在開立訂單或簽訂合約時，便應決定如何監視進度。倘若採購產品並非重要項目，則僅作一般的監視便已足夠，通常只需注意是否能在規定時間收到驗收報表，有時可用電話查詢。但若採購產品較為重要，可能影響企業的經營，則應考慮另作較週密的監視。

3. 審核供應商供應計劃進度

採購方應審核供應商的供應計劃進度，並分別從各項資料獲得供應商的實際進度，如供應商的流程管理資料、生產彙報中所得資料、直接訪問供應商工廠所見，或供應商按規定送交的定期進度報表。

4.規定供應商應編制預估進度表

如果認為有必要,採購方可在採購訂單或合約中明確規定供應商應編制預估進度表。預估進度表應包括全部計劃供應作業的進程,如企劃作業、設計作業、採購作業、工廠能力擴充、工具準備、元件製造、次裝配作業、總裝配作業、完工試驗及裝箱交運等全部過程。此外,應明確規定供應商必須編制實際進度表,與預估進度表對照,並說明進度延遲原因及改進措施。

5.準備替代來源

供應商不能如期交貨的原因頗多,且有些是屬於不可抗力,因此,採購方應未雨綢繆,多聯繫其他來源;工程人員也應多尋求替代品,以備不時之需。

6.加重違約罰則

在簽訂採購合約時,應加重違約罰款或解約責任,使得供應商不敢心存僥倖。不過,如果需求急迫時,應對如期交貨的供應商給予獎勵或較優厚的付款條件。

四、供應商的交期管理

1.訂購信息的處理

訂購信息的範圍應包括訂單內容、替代品、供應商等級及生產能力等相關資料。基本上,資料的分類可以依照交易對象、能力、產品等加以區分,其目的都是為了得到正確的信息。因此,訂購信息處理得恰當與否,將影響整個交期。

2.主動查核

採購方在訂購產品後,應主動監督供應商備料及生產,不可等到

已逾交貨期才開始查詢。

　　所有的產品幾乎不可能在交貨日期一次製造完成，因此，未能準時交貨的情形通常都發生在此前的生產過程中，其計劃進度與實際進度發生偏差所致。所以下訂單後，採購方要積極地進行查核。查核的目的是在尚有餘裕時間可以想辦法時確實掌握生產狀況，以便採取必要行動。查核的主要內容為：

　　⑴是否已分發圖紙、規範。

　　⑵模具、工具是否已完成備妥。

　　⑶材料進貨了沒有。

　　⑷支給零件是否已支給。

　　⑸機加工完了沒有。

　　⑹電鍍、塗裝完成否。

　　⑺是否已著手零件或機器的裝配。

　　⑻總裝何時開始。

3.訂單跟蹤的內容

　　跟蹤是對訂單所作的例行追蹤，以確保供應商能夠履行其對貨物發運的承諾。如果產生諸如品質或發運方面的問題，採購方需要對此儘早瞭解，以便採取相應的行動。跟蹤一般需要經常詢問供應商的進度，有時甚至需要到供應商處走訪。為了及時獲得信息並知道結果，可透過電話進行跟蹤；有些公司會使用由電腦生成的、簡單的表格，以查詢有關發運日期和在某一時點生產計劃完成的百分比。

4.工廠實地查證

　　對於重要產品的採購，採購方除了要求供應商按期遞送進度表外，還應實地前往供應商的工廠訪問查證。但此項查證應在合約或訂單內明確，必要時要求專人駐廠監視。

5.加強供需雙方信息的溝通

關於供應商準時交貨的管理，還有雙方的「資源分享計劃」。供需雙方應有綜合性溝通系統，使採購方的需要一有變動立即可通知供應商，供應商的供應一有變動也可隨時通知採購方，交貨適時問題即能順利解決。

6.銷售、生產及採購單位加強聯繫

由於市場狀況變化莫測，因此生產計劃若有調整的必要，必須徵詢本企業採購部門的意見，以便對停止或減少送貨的數量、追加或新訂的數量作出正確的判斷，並儘快通知供應商以減少可能的損失，提高其配合的意願。

7.收貨要嚴格控制

提早交貨不僅會使庫存增多，而且擾亂遵守交貨期的做法，因此，必須規定明確的容許範圍，嚴格加以限制，尤其要避免提前付款。

對於收到的貨品必須迅速進行驗收工作。驗收的遲滯不僅會使供應商遵守交期的意識降低，而且佔用驗收場地，有時候還可能由於生銹或腐蝕等而引起貨品品質劣化的情形，因此須明確規定驗收作業的程序及時限。

一旦供應商發生交貨遲延，若非短期內可以改善或解決，應立即尋求同業支援或其他物品來源；對表現優越的供應商，可簽訂長期合約或建立事業夥伴關係。

表 6-1　常用的催貨技巧

序　號	催　貨　技　巧
1	瞭解自己：包括付款情況、訂單量情況。
2	瞭解供應商：包括供應商的生產能力、供應商的負責人的性格。
3	瞭解訂單的緊急程度。
4	瞭解與供應商的各種聯繫方式：如與接口人無法溝通，則向接口人的上級反映。
5	隨時知道自己要催貨的訂單內容。
6	對自己負責的產品要瞭解與熟悉。
7	先軟後硬。應及時上報主管，千萬不要做老好人，自己承擔。
8	說話時注意技巧。不要一開口就問：「我的貨呢？」應先聊天套個近乎。
9	發脾氣不好，催不到貨時更要把持住脾氣，鎮靜才是你需要做的。
10	催不到貨時，首先告訴你的上級而不是需求部門。
11	拿供應商沒辦法時，應交給上級處理。當然前提是你已經做了最大限度的努力。
12	異常問題必須第一時間回饋。

五、消除因溝通不良的交貨期延遲

追究交貨期延遲的原因時，發現大多來自供應商與採購方之間的協調有差距或隔閡。其主要原因為：

（一） 引起協調不暢的主要原因

⑴未能掌握產能的變動。未能掌握產能的變動是指供應商接受了超過產能以上的訂單，卻由於訂貨驟增，或作業員工生病，或有人退休而致人手不足不能完成任務等。但供應商卻不坦白告知採購方這一原因。

⑵未充分掌握新訂產品的規範、規格。供應商儘管想知道更加具體的內容，卻擔心會被採購方認為囉唆而不給訂單，以至於在未充分掌握規範、規格的情況下進行生產。

⑶未充分掌握機器設備的問題點。設備為了定期點檢而需停止操作，或由於故障而需要修護之類的事情，確實不是採購方所能瞭解的。

⑷未充分掌握經營狀況。由於供應商資金短缺而導致無法批量購進材料之類的事情，就屬此種情況。

⑸指示聯絡的不確切。關於圖紙的修訂、訂貨數量的增加、交貨期的提前等信息未能詳細傳達給能夠處理這些問題的人。除了口頭說明之外，事後的補送書面資料也極為重要。

⑹日程變更說明不足。無論交貨日程的提前或延後，假如不將真實意圖傳達給對方，使其充分瞭解從而獲得協助，也會造成差錯。

⑺圖紙、規範的接洽不充分。有的人視對方的詢問、接洽為麻煩，不認真對待，所以會出問題。

⑻單方面的交貨期指定。即未瞭解供應商的現況，僅以採購方的方便指定交貨期的情形。

（二） 消除隔閡的基本對策

⑴在充分瞭解採購產品或外包加工產品內容的前提下，將適當、適量的貨品向適當的交易對象下訂單。

　　採購人員對自己經手的物品要有充分的認識之外,也需正確掌握對方的產能。同時,採購人員要研習機械學或電氣學的基礎知識,以便閱讀圖紙或規範,同時要常到工廠瞭解實況。

　　(2)確立調度基準日程。關於調度所需要的期間,要與生產管理部門取得共識,要得到生產管理、設計、製造、技術部門等的幫助,以便對外包加工產品設定調度基準日程,據此確定適當的交貨期。

　　(3)建立交貨期的權威,以提高交貨期的誠信度。首先基於採購方與供應商雙方的信賴來設定交貨期;其次,使交貨期的變更或緊急、特急、臨時訂貨之類的事情減少,以建立交貨期的權威,提高誠信度,從而提高對交貨期的遵守。

　　(4)依訂貨批量適當生產或訂購。使採購方及供應商雙方都能接近的最經濟的數量。

　　(5)確立支給品的支給日程並予以遵守。應該避免「支給慢了,但是交貨期要遵守」之類不合理的要求。

　　(6)管理供應商的產能、負荷、進度的餘力。掌握供應商的產能、生產金額或保有員工數,以行使其餘力的管理。餘力的管理方法具體如:

　　a.機器、設備

　　b.作業人員的職種類別、技術水準類別的人員

　　c.產能的界限

　　採購方為了掌握機器、設備、人力的狀況,不妨要求供應商提供「機器設備狀況」、「職種類別狀況」及「職責類別勞務狀況」各種報表。這些報表構成後述的交易對象調查表。

　　(7)手續、指示、聯絡、說明、指導的便捷化。例如,交貨地點變更、圖紙改版的指示、不易懂的圖紙的說明、品質管理的重點應放在

那裏的指導等均屬此類。

⑻發生交貨期變更或緊急訂貨時,正確掌握其影響度。採購的某一貨品雖已確保,但要妥為處理,以避免因其他貨品欠缺的原因而延遲,否則將引起惡性循環。

⑼加以適當的追查。當還有寬裕時間處置的時候,應確認其進行狀況。

⑽分析現狀並予以重點管理。先用 ABC 分析法,進而繪製柏拉圖,這樣可一目了然知道對目的影響最大的是那個,因而容易掌握到重點管理對象。分析現狀的目的是為了改變管理方法,或為了重新檢討管理措施。

(三) 建立加強交貨期意識的制度

⑴異常發生報告制度。對供應商提出異常發生報告的要求。例如,當機器、設備、模具、治工具(夾具)的故障或不良、交貨期延遲原因的出現等及時提出報告。透過這一報告採購方能預知交期的延遲,也可未雨綢繆早作安排。該項制度遠比交貨期延遲發生後才來研討對策更加有效。

⑵延遲對策報告制度。除了對供應商提出異常發生報告制度要求,使供應商延遲原因明確外,對其改善的對策也應提出報告要求。

⑶編制每月供應商的交貨期遵守(延遲)率並公告的制度。可以按照下列算式計算。另外,也可對每一品種掌握其延遲日數,以便掌握總延遲日數。

交貨期遵守率=交貨期遵守件數/(交貨期延遲件數+交貨期遵守件數)

=交貨期遵守件數/交貨期到貨件數

交貨期延遲率=交貨期延遲件數/交貨期到貨件數

⑷表揚制度。對交貨期遵守情形良好的供應商,分為每年、上(下)半年、每季等給予表揚。

⑸與訂貨量聯結的制度。視交貨期遵守的程度而採取以下措施:

A 級──增加訂貨量;

B 級──訂貨量不變;

C 級──減少訂貨量;

D 級──停止訂貨。

但是,該供應商的品質與價格比其他供應商優異時,應另作考慮;還有,必須預先向供應商說明,以避免由於減少或停止訂貨所引起的糾紛。

⑹與支付條件聯結的制度。視交貨期遵守的程度,以下列方式改變付款方式:

A 級──全額付現;

B 級──現金 2/3,企業支票 1/3;

C 級──現金 1/2,企業支票 1/2;

D 級──現金 1/3,企業支票 2/3。

另外,假如因資金調度困難而採取上述對策時,應注意是否會因此喪失雙方長年所建立的信賴關係。

⑺指導、培育的制度。例如,開展經營者研討會、供應商有關人員的集中教育、個別巡迴指導等。

⑻抱怨、期望處理的制度。要誠懇聽取供應商的抱怨、期望,並迅速加以處理、回覆。如某企業在物控部門內設置「供應商會談室」之類的場所,用於對供應商的指導、培育及期望的處理。

第 7 章

供應商的採購合約洽談

　　採購合約，也即採購合約，是指供需雙方在進行正式交易前為保證雙方的利益，對供需雙方均有法律約束力的正式協議，有時也稱之為採購協議。採購主管應瞭解採購合約的主要條款，以利於為採購談判，合約的簽訂與管理。

　　採購雙方經過一系列的談判協商，最後達成有關協議，與供應商辦理合約簽訂的手續，採購合約即告簽訂。

一、制定採購合約洽談目標

　　一般而言，採購洽談目標可分為：最低目標，即己方必須得到滿足的洽談目標，如果這一目標得不到滿足，則寧願使洽談終止；可接受的目標，即採購方可以接受的交易條件的範圍；最高目標，即採購方認為可以取得的最好的交易條件，也就是說這是對方的最低交易條件，如果採購方提出的條件超出這一目標，就要冒使洽談破裂的風

險。大多數成功的洽談過程就是使對方提出的條件落在採購方的可接受的範圍內，或是在採購方可接受範圍內選擇較有利於採購方條件的過程。

　　採購洽談是一個博弈過程，必須進行買賣雙方目標的權衡。在確定採購方的洽談目標的同時，設法理解和弄清對方的談判目標及其提出的理由，在比較和權衡的基礎上找出在本次洽談中雙方利益一致和不一致的地方。對於雙方利益一致的共同點，可在正式洽談中首先提出，並由雙方加以確認。這樣既能提高和保持雙方對洽談的興趣和爭取成功的信心，同時也為以後解決利益不一致的問題打下良好的基礎。對於雙方利益不一致的問題，要本著使雙方利益都滿足的原則，積極尋求雙方都滿意的解決辦法。

二、安排採購洽談議程

　　採購洽談議程主要是說明洽談時間的安排和雙方就那些內容進行磋商。

1. 安排採購洽談時間

　　洽談時間的安排即確定洽談在何時舉行，為期多久。

　　如果是一系列的洽談需要分階段進行，則還應對各個階段的洽談時間作出安排。要將對己方有利而對方有可能做出讓步的議題排在日程表的前面，並給予較多的時間，而將對己方不利或己方要做出讓步的議題排在後面，並給予較少的時間。這樣安排的結果實際上是把對方的讓步作為洽談繼續進行和取得讓己方讓步的前提和條件。而且，己方爭取使對方讓步的時間充裕，而對方即使做出了讓步，爭取使己方做出讓步的時間和機會也很少。

2.確定採購洽談內容

在進行洽談前，首先就要確定洽談的內容。採購洽談的內容如下表 7-1 所示。

凡是與本次洽談相關的、需要雙方展開討論的問題，都可以作為洽談的內容。可以把它們一一羅列出來，然後根據實際情況，確定應重點解決那些問題。將所列出的問題進行分類，即分為對己方有利的問題和對己方不利的問題，盡可能將對己方有利的問題列入議題，同時將不利的問題排除在外，或者避重就輕，只將對己方危害不大的問題列入議題。

表 7-1　採購洽談內容

品質	對採購人員而言，品質的定義是「符合買賣約定的要求或規格就是好的品質」。具體包括產品的名稱、規格或圖紙；產品所用材料的規格或標準、模具的壽命和產能；供應商出廠檢驗的標準和品質報告內容；採購方進貨檢驗的標準；每批交貨允許的次品率、目標次品率、拒收的條件和程序等
包裝	包裝可分為內包裝及外包裝兩種。內包裝是用來保護、陳列或說明商品之用，而外包裝則僅用在倉儲及運輸過程中對商品的保護。採購人員應選擇外包裝堅固、內包裝精美的商品，並向供應商明確包裝材料的要求
價格	價格是所有採購事項中最重要的項目，若採購人員對任何所擬採購的商品以進價加上合理的毛利後，連自己都判斷該價格無法吸引客戶的購買時，就不應向該供應商採購。具體包括產品單價貨幣種類、允許的匯率浮動幅度或匯率換算比例、價格條款、運費、保險費、進口關稅等
訂貨量	在採購時，應儘量籠統，不必透露明確的訂購數量。如果因此而導致採購陷入僵局時，應轉到其他項目上。具體包括交貨週期、供應商的安全庫存量、訂單週期、最小訂單量、標準包裝量、允許的訂單數量的變動幅度、運輸方式等

續表

折扣	通常有新產品引進折扣、數量折扣、付款折扣、促銷折扣、無退貨折扣、季節性折扣、經銷折扣等數種，有些供應商可能會由全無折扣作為採購的起點，有經驗的採購人員會引述各種形態折扣，要求供應商讓步
付款方式	付款方式通常包括一次付款、分期付款等
交貨期	一般而言，交貨期愈短愈好。因為交貨期短，則訂貨頻率增加，訂購的數量就相對減少，故存貨的壓力也大為降低，倉儲空間的需求也相對減少。對於有長期承諾的訂購數量，採購人員應要求供應商分批送貨，減少庫存的壓力
送貨條件	送貨條件包括按指定日期及時間送貨、免費送貨到指定地點、負責裝卸貨並整齊地將商品碼放在棧板上以及在指定包裝位置上編好超市店內碼（或印國際條碼）等
售後服務保證	對於需要售後維修的家電或電子產品，採購人員就要求供應商提供免費的 1～3 年的售後服務，並將保修卡放置在包裝盒內。保修卡應標明本商圈內的維修商位址及電話，並且今後若維修商的名字、位址及電話一旦發生更換，供應商應於第一時間通知採購人員，由採購人員及時通知使用部門
退換貨	由於供應商產品品質的問題（如產品、殘損）、供應商判斷錯誤或供應商業務人員的誤導，造成買進的商品庫存過高或商品滯銷的情況，要求供應商對此進行退換

3.確定洽談地點

洽談地點有 3 種選擇：己方所在地、對方所在地、雙方之外的第三地。

表 7-2　三種地點選擇的利弊

地點	優點	缺點
己方所在地	1.以逸待勞，無需熟悉環境或適應環境 2.可以根據談判形式的發展隨時調整談判計劃、人員、目標等 3.可以利用地利之便，透過熱心接待對方，關心其談判期間生活等問題，顯示己方的談判誠意，創造融洽的談判氣氛，促使談判成功	1.要承擔繁瑣的接待工作 2.談判可能常常受己方主管的制約，不能使談判小組獨立地進行工作
對方所在地	1.不必承擔接待工作，可以全心全意地投入到談判中去 2.可以順便實地考察對方的生產經營狀況，取得第一手資料 3.在遇到敏感性的問題時，可以說資料不全而委婉地拒絕答覆	1.要有一個熟悉和適應對方環境的過程 2.談判中遇到困難時難以調整自己，容易產生不穩定的情緒，進而影響談判結果
雙方之外的第三地	對於雙方來說在心理上都會感到較為公平合理，有利於緩和雙方的關係	由於雙方都遠離自己的所在地，因此在談判準備上會有所欠缺，談判中難免會產生爭論，影響談判的成功率

4. 組建採購洽談團隊

根據洽談的內容、重要性和難易程度組建洽談團隊

在確定洽談團隊陣容時，應著重考慮洽談主體的大小、重要性和難易程度等因素，以此來決定派選的人員和人數。

一般而言，對於較小型的洽談，洽談人員可由 2～3 人組成，有時甚至由 1 人全權負責。而對於內容較為複雜且較重要的大型洽談，由於涉及的內容廣泛、專業性強、資料繁多、組織協調的工作量大，所以配備的人員數要比小型洽談多。

根據洽談對手的具體情況組織洽談隊伍，在基本瞭解洽談對手的情況以後，就可以依據洽談對手的特點和作風來配備洽談人員。一般可以遵循對等原則，即己方洽談隊伍的整體實力與對方洽談隊伍的整體實力相同或對等。

在通常情況下，參加採購洽談的人數往往超過一人，並會組成談判小組。因為對於那些複雜的洽談來講，這樣首先可以滿足洽談中多學科、多專業知識的需求，取得知識結構上的互補與綜合優勢；其次，可以群策群力、集思廣益，形成集體的進取與抵抗的力量。

在組建洽談團隊時，還要注意洽談人員的分工和配合的問題。洽談人員按其在洽談中的地位可分為主談人和輔談人。主談人是指在洽談的某一階段，或者針對某一方面的議題，以他為主進行發言，闡述我方的觀點和立場；輔談人是指除主談以外的其他小組成員及處於輔助配合的位置的成員。在整個洽談過程中，隨著洽談議題的更換，主談人也要隨之變化。

三、掌握洽談策略

1.投石問路策略

投石問路策略是指在採購洽談中當採購方對供應方的商業習慣或有關諸如產品成本、價格等方面不太瞭解時，主動地擺出各種問題，並引導對方進行較為全面的回答。然後從中得到有用的信息資料。這種策略一方面可以達到尊重對方的目的，使對方感覺到自己是談判的主角和中心；另一方面自己又能摸清對方底細，爭得主動。

運用該策略時，要注意的事項有以下幾點。

⑴採購方應給予供應方足夠的時間並設法引導供應方對所提出的問題作盡可能詳細的正面回答。

⑵問題要簡明扼要、有針對性，儘量避免暴露提問的真實目的或意圖。

⑶當洽談雙方出現意見分歧時，最好不要使用該策略。

2.感情溝通策略

透過其他途徑接近對方，彼此瞭解，聯絡感情，在溝通情感後，再進行洽談。人都是有感情的，滿足自己的情感和慾望是人的一種基本需要。因此，在洽談中利用感情的因素去影響對手是一種可取的策略。

靈活運用此策略的方法很多：可以有意識地利用空閒時間主動與對方聊天、娛樂、談論對方感興趣的問題；也可以饋贈小禮品，請客吃飯，提供交通食宿的方便；還可以透過幫助對方解決一些私人的問題，從而增進瞭解，聯繫情感，建立友誼，從側面促進談判的順利進行。

3.避免爭論策略

(1)冷靜地傾聽對方的意見

在談判中，聽往往比說更重要。多聽少講可以把握對方的想法，探索並揭示對方的動機，預測對方的行動意向。

在傾聽過程中，即使對方講出己方不願聽的話或對己方不利的話，也不要立即打斷對方或進行反駁。因為真正贏得優勢、取得勝利的方法絕不是爭論。

最好的方法是讓對方陳述完畢之後，首先承認自己在某方面的疏忽，然後提出對對方的意見進行重新討論。這樣，在重新討論問題時，雙方就會心平氣和地進行，從而使談判達成雙方都比較滿意的結果．

(2)婉轉地提出不同意見

在洽談中，當己方不同意對方的意見時，切忌直接提出否定意見。最好的方法是先歸納對方的意見，然後再作探索性的提議。

4.最後通牒策略

處於被動地位的談判者，總有希望談判成功達成協議的心理。當談判雙方各持己見、爭執不下時，處於主動地位的一方可以利用這一心理，提出解決問題的最後期限和解決條件。

5.聲東擊西策略

聲東擊西策略是指一方為達到某種目的和需要，有意識地將洽談的議題引導到無關緊要的問題上虛張聲勢，轉移對方的注意力，以求實現自己的談判目標。聲東擊西策略的具體做法是在無關緊要的事情上糾纏不休，或在對自己而言不是問題的問題上大做文章，以分散對方對自己真正要解決的問題的注意力，從而在對方無警覺的情況下順利實現自己的談判目標。

四、做好採購洽談準備

採購洽談的準備是進行正式採購洽談的首要環節,採購人員對相關資料的準備是否充分直接影響著採購洽談的成敗。一般情況下,採購人員要從資料、商品條件以及心理等方面進行準備。

1. 資料準備

(1)填寫採購聯絡單

採購聯絡單是由採購人員在對供應商的原始資料進行篩選後填寫的、符合具體採購活動要求的一種單據。正確填寫採購聯絡單是做好採購準備的前提。

採購人員在填寫聯絡單之前應對要進行的採購活動有清晰的瞭解,明確那些供應商經營的商品屬於本次採購活動的商品範圍。

採購人員將符合條件的供應商資料填入聯絡單中,包括供應商的名稱、聯繫方式、位址、業務範圍、經營年數、信用狀況、與本公司以往的交易記錄、該供應商的優劣勢等。

(2)準備供應商相關資料

採購人員對洽談相關資料的準備主要包括針對本次採購洽談的商品及供應商的國內外市場分佈狀況(包括商品市場的政治經濟條件、分佈的地理位置、運輸條件、市場輻射範圍、市場潛力和容量等)、市場商品需求信息(包括商品的市場容量、消費者的數量及構成、消費者購買力、潛在需求量等)、市場商品的銷售信息、市場競爭信息、商品技術信息的準備等。

2. 商品條件準備

採購人員在採購洽談前要做的商品條件準備取決於洽談方式和

談判規模。

(1)在函電方式下，網路、傳真等基本辦公設施和文具的準備就可以滿足洽談的需要。

(2)現場洽談的商品條件準備要複雜一些。在洽談中，東道主一方要負責洽談現場的佈置與安排工作。洽談現場的佈置與安排主要包括兩個方面：一是洽談室及室內用具的選擇佈置；二是洽談時的座位安排。

洽談室一般安排兩個，一個作為主要洽談室，一個作為秘密會談室。如有可能還可以安排一個休息室。主要洽談室一定要配有顯示用具，如黑板、供放映幻燈的螢幕、投影儀等。秘密會談室是供雙方在洽談間歇時休息用的場所，應佈置得輕鬆、舒適，並可準備各種飲料、茶點等。

一般情況下，洽談時雙方應面對面就座，各自的組員應坐在主談者的兩側，以便於互相交換意見，加強洽談人員心理上的安全感和實力感，便於內部信息交流。

3.心理準備

(1)形成良好的第一印象

參加洽談的人員與對方大多數初次見面，彼此缺乏瞭解，往往會透過對方的舉止、儀表、語言談吐及表情動作等第一印象來判斷對手的特點和能力，進而形成固定的看法，該看法將對整個洽談過程產生影響。因此，採購洽談人員應注意給對方一個良好的印象。

(2)內外兼修

良好、客觀的態度是與供應商採購談判、溝通的保障，它能幫助洽談人員在談判中獲得供應商好感，取得更好的談判效果。有效控制自己的情緒對於採購談判非常重要，是保證談判取得成功的基礎。

這裏要指出的是與對方以往的接觸以及將來的合作前景都是重要的考慮因素。另外，如果沒有充分地準備，即使口齒伶俐、能說會道也只能收效甚微。

4.談判事宜準備

⑴分析對方的方案。評估價格、運送、規格、付款和任何與你的要求有出入的地方。要知道對方的方案往往是對他們自己有利的。

⑵確立自己的目標。具體定下你的價格、品質、服務、運送、規格、支付等要求並寫在紙上，而不是與對方說「你儘量……」。

⑶定下方案。對每個問題要定出最佳方案、目標方案以及最壞的方案，這可有助於制定相應策略。

⑷分析對方的地位。你同樣可估計一下對方可能的地位，這易於預測其談判策略。至此你可以大致感覺出談判的尺度範圍。

⑸確定和組織問題。採購人員要組織問題，並列出雙方在各個問題上的相同和不同之處，要記住每個爭論點都要有可靠的資料加以支持。

⑹計劃戰略和戰術。

五、掌握談判技巧

1.掌握入題技巧

⑴迂迴入題

為避免洽談時單刀直入、過於暴露，影響談判的融洽氣氛，洽談時可以採用迂迴入題的方法。即先從題外話入題，從介紹己方洽談人員入題，從「自謙」入題，或者從介紹本企業的生產、經營、財務狀況入題等。

(2)先談一般原則，再談細節

一些大型的經貿洽談，由於需要洽談的問題千頭萬緒，雙方高級洽談人員不應該也不可能介入全部談判，往往要分成若干等級進行多次談判。這時就需要採取先談原則問題，再談細節問題的方法入題。一旦雙方就原則問題達成了一致，那麼洽談細節問題也就有了依據。

(3)先談細節，後談原則性問題

圍繞談判的主題，先從洽談細節問題入題，條分縷析，絲絲入扣，待各項細節問題談妥之後，也就自然而然地達成了原則性的協定。

(4)從具體議題入手

大型談判總是由具體的一次次談判組成。在具體的每一次談判會上，雙方可以首先確定本次會議的談判議題，然後從這一議題入手進行洽談。

2.掌握闡述技巧

(1)開場闡述

談判入題後，接下來就是雙方進行開場闡述，這是洽談的一個重要環節。

表 7-3 闡述及應對

闡述及應對	具體內容
己方闡述	開宗明義，明確本次會談所要解決的主題，以集中雙方的注意力，統一雙方的認識
	表明己方透過洽談應當得到的利益，尤其是對己方至關重要的利益
	表明己方的基本立場，可以回顧雙方以前合作的成果，說明己方有對方所享有的信譽；也可以展望或預測今後雙方合作中可能出現的機遇或障礙；還可以表示己方可採取何種方式為共同獲得利益做出貢獻等
對對方闡述的反應	認真耐心地傾聽對方的開場闡述，歸納對方開場闡述的內容，思考和理解對方的關鍵問題，以免產生誤會
	如果對方開場闡述的內容與己方意見差距較大，不要打斷對方的闡述，更不要立即與對方爭執，而應當先讓對方說完，認同對方之後再巧妙地轉移話題，從側面進行談判

(2)讓對方先談

在洽談中，當己方對市場態勢和產品定價的新情況不太瞭解，或者當己方尚未確定購買產品，或者己方無權直接決定購買與否的時候，一定要堅持讓對方首先說明可提供何種產品、產品的性能如何、產品的價格如何等，然後再慎重地表達意見。有時即使己方對市場態勢和產品定價比較瞭解，有明確的購買意圖，而且能直接決定購買與否，也不妨先讓對方闡述利益要求、報價和介紹產品，然後在此基礎上再提出自己的要求。這種後發制人的方式，常常能收到奇效。

(3)坦誠相見

談判中應當提倡坦誠相見，不但將對方想知道的情況坦誠相告，而且可以適當透露己方的某些動機和想法。

(4)正確使用語言

在洽談中，要注意語言的正確使用。

表 7-4　洽談語言的使用

語言運用	具體說明
規範、通俗	在洽談中所使用的語言要規範、通俗，使對方容易理解，不致產生誤會
簡明扼要	語言要簡明扼要，具有條理性
語言準確	在洽談中，當對方要已方提供資料時，則第一次就要說準確，不要模棱兩可，含糊不清。如果對對方要求提供的資料不甚瞭解，應延遲答覆，切忌脫口而出。要儘量避免使用含上下限的數值，以防止波動
語言豐富	洽談過程中使用的語言應當豐富、靈活、富有彈性。對於不同的談判對手，應使用不同的語言，如果對方談吐優雅，己方用語也應十分講究；如果對方語言樸實無華，那麼己方用語也不必過多修飾

3.掌握提問與答覆技巧
(1)提問技巧

表 7-5　提問技巧

提問技巧	具體內容
提問方式	封閉式提問、開放式提問、婉轉式提問、澄清式提問、探索式提問、借助式提問、強迫選擇式提問、引導式提問、協商式提問
提問時機	在對方發言完畢時提問，在對方發言停頓、間歇時提問，在自己發言前後提問，在議程規定的辯論時間提問
注意事項	注意提問速度，提問後給對方足夠的答覆時間，提問時應儘量保持問題的連貫性

(2)答覆技巧

答覆不容易，因為回答的每一句話都會被對方理解為是一種承諾，都要對其負責任。

表 7-6　答覆注意事項

答覆注意事項	具體說明
保留餘地	不要徹底答覆對方的提問，保留餘地，以取得談判的主動權
針對心理答覆	針對提問者的真實心理進行答覆
降低追問興趣	採取談判技巧，降低提問者追問的興趣
獲得充分的思考時間	讓自己獲得充分的思考時間
禮貌地拒絕問題	禮貌地拒絕不值得回答的問題
找藉口拖延答覆	利用各種方法找藉口拖延答覆

4.掌握說服技巧

要想說服對方，首先必須要分析對方的心理和需要，做到有的放矢；其次，語言必須親切、富有號召力；最後，必須有充足的耐心，不宜操之過急。說服也是實力和技巧的競爭。所以要想取得勝利，必須明確以下要點。

⑴取得對方的信任。

⑵借助談判中的共同點。

⑶營造恰當的氣氛。

⑷把握對方心理。

5.掌握推動談判技巧

⑴吸取以往的教訓。對剛完成的談判進行小結，明確那裏成功、那裏不對、那裏要改、對方如何，這對以後的談判都有幫助。

⑵召開小組會議。小組會議可用以解決談判小組內的分歧，對戰略戰術修訂很有幫助。

⑶談判中的洞察力包括製造良好的談判氣氛和跨文化問題的處理，跨文化還指對不同行業和市場的理解。

六、採購談判方案

（一）採購談判參加人員

⑴採購部經理

⑵採購合約主管

⑶採購合約專員

（二）採購談判的原則

(1)互利互惠原則

在談判過程中，不僅要從公司自身的利益出發考慮談判的方式和技巧，要透過換位思考的方式，從對方的利益角度考慮談判目標的實現，努力實現合約談判過程中的互利互惠原則，以不損害談判雙方的友好合作關係為前提。

(2)時間原則

在談判前和談判中透過時間技巧掌握談判的主動權，力求速戰速決。

(3)信息原則

信息的掌握在很大程度上決定著談判的成功與否。在談判前透過各種管道佔有各類與談判有關的信息，在談判過程中透過對談判信息的總結、提升轉化為談判的優勢。

(4)誠信原則

誠信是談判成功的基礎，是與供應商保持長期良好合作關係的前提。在談判中嚴禁使用涉嫌欺詐的方式和手段。

（三）談判目標

項目 層次	價格	支付 方式	交貨 條件	運輸 費用	產品 規格	品質 標準	服務 標準
最優目標							
可接受目標							
最低限度目標							

（四）談判項目

(1)物料品質

　物料品質應滿足公司生產的需要，並附有產品合格說明書、檢驗合格證書、物料的有效使用年限等。

(2)包裝

　包括內包裝和外包裝，應根據談判價格確定具體的包裝形式。

(3)價格

　明確合理的採購價格，可以給供應商帶來銷售量的增加、銷售費用的減少、庫存的降低等利好因素。

(4)訂購量

　根據公司生產的實際進度和公司倉儲的能力確定訂購量。

(5)折扣

　折扣有數量折扣、付現金折扣、無退料折扣、季節性折扣以及新品折扣等。

(6)付款條件

　綜合分析一次性付款、月結付款和付款方式帶來的替代效應，選擇最為有利的付款方式。

(7)交貨期

　交貨期的確定以不影響公司的正常生產為前提，結合公司貨物存放的成本，儘量選擇分批供貨。

(8)售後服務事項

　售後服務事項包括維修保證、品質保證、退換貨等內容。

（五）談判準備

1.信息收集

⑴談判模式及價格的歷史資料

目的：瞭解供應商談判技巧和供應商處理上次談判的方式等。

⑵產品與服務的歷史資料

目的：價格的上漲有時隱含著物料品質的下降，可作為談判的籌碼。

⑶宏觀環境資料

目的：瞭解政府法令、公司政策等，增強談判力。

⑷供應商情報資料

目的：瞭解價格趨勢、科技重要發明、市場佔有率等供應商產品市場信息，做到知己知彼。

⑸主要合約條款的起草

起草一份公司熟悉的採購合約，列舉出主要的合約條款。

2.議價分析

⑴採購人員在財務部相關人員的幫助下，對物料成本進行專業分析，確定議價底線。

⑵進行比價分析。

進行比價分析時，需要分析以下兩項內容。

①價格分析。即對相同成分或規格的產品的售價或服務進行比較，至少要選取三家以上的供應商。

②成本分析。即將總成本分為人工、原料、外包、費用、利潤等，以便為討價還價準備籌碼。

⑶確定實際與合理的價格。

（六）採購談判的優劣勢分析

1. 關注公司作為買方的實力

⑴採購數量的大小。　　　　　⑵主要原料。

⑶標準化或沒有差異化的產品。　⑷利潤的大小。

⑸商情的把握程度。

2. 供應商作為賣方的實力

⑴是否獨家供應或獨佔市場。

⑵複雜性或差異化很大的產品。

⑶產品轉換成本的大小。

3. 替代品分析

⑴可替代產品的可選種類。　⑵替代產品的差異性。

4. 競爭者分析

⑴所處行業的成長性。　⑵競爭的激烈程度。

⑶行業的資本密集程度。

5. 新供應商的開發

⑴資金需求的大小。　⑵供應物料的差異性。

⑶採購管道的建立成本。

（七）採購談判的議程

1. 談判時間

時間：××年×月×日～××年×月×日。

每日：上午：10～11：30；下午：3：00～5：00。

2. 談判地點

地點：××會議室

（八）採購談判過程

採購談判過程主要分為四個階段，具體內容如下表所示。

第一階段	第二階段	第三階段	第四階段
開局	報價	磋商	成交
建立良好談判氣氛 交換相關談判內容與意見 雙方進行開場陳述	1. 把握報價原則：可以採取書面報價或口頭報價方式 2. 報價要確定合理的報價範圍	1. 磋商的形式，主要包括書面或面對面兩種形式，一般以面談為主 2. 把握磋商的反覆性，磋商的過程就是討價還價的過程 3. 磋商過程中適當讓步	1. 達到成交目的的策略，包括最後通牒、折中等 2. 爭取完全成交，在完全成交不現實時，把握部份成交 3. 簽署協定。談判的成果只有在協定簽署以後才能成立

（九）談判特殊情況的處理

⑴採購部經理根據談判的具體情況，從總體上把握談判的進程，並在自己的權限範圍內靈活處理談判中出現的新情況和新問題。

⑵對採購部經理無法決定的談判內容，應報請主管副總經理和總經理進行審核批准。

七、與供應商簽訂採購合約

確定了合格的供應商，接下來重要的一項工作就是簽訂合約。合約簽訂後，與供應商協調的工作就是下單和跟單。合約對採購方和供應商方而言非常重要。

採購合約是供需雙方就供方向需方提供其所需的商品或服務，需

方向供方支付價款或酬金事宜，為明確雙方權利和義務而簽訂的具有法律效力的協議。

在供應商開始工作之前，雙方應該就各個方面達成協議，包括如下方面。

(1)合約標的。

(2)價款或酬金的計算及其支付時間和方法。

(3)數量。

(4)履行義務的時間、地點。

(5)驗收標準以及驗收時間、地點，驗收異議提出的時間期限及提出方式的規定。

(6)違約責任。

(7)爭議的解決方法。

合約條款形成了可以依法律強制執行的權利和義務。例如出現供應商不能履行協定中規定義務的情況，採購方可以把供應商訴至法院，反之亦然。

雖然口述可以形成一份協議的基礎，但是大多數採購方與供應商的協議都是書面的。不管怎樣，為了消除誤解，一定要養成用書面記錄供需雙方口頭上達成的內容這一良好習慣。

第 *8* 章

供應商採購合約的督導作法

　　合約是企業(供方)與分供方,經過雙方談判協商一致同意而簽訂的「供需關係」的法律文件,合約雙方都應遵守和履行並且是雙方聯繫的共同語言基礎。

　　簽訂合約的雙方都有各自的目的,雙方受「合約法」保護和承擔責任。簽訂合約不是採購目的,但合約可確保採購活動順利進行。

一、實施採購洽談

　　洽談過程可大致分為開始洽談、正式洽談、成交 3 個階段。

1. 開始洽談階段

　　開始洽談階段的主要任務是建立良好的洽談氣氛,就洽談的目的、時間、進度和人員達成一致,為實質性洽談奠定基礎。

2.正式洽談階段

(1)詢價

採購詢價的方式多種多樣，採購人員最主要的方式是透過函電和網站發佈信息進行詢價。

在採購詢價中，採購人員或供應商的報價以及還價是採購談判的核心環節。因此，採購人員在進行詢價前要先清楚採購商品報價的基本情況。

表 8-1　先報價的利弊關係

利弊	說明
益處	1. 先報價對談判的影響較大，它實際上等於為談判劃定了一個框架或基準線，最終協定將在這個範圍內達成 2. 先報價如果出乎對方的設想，往往會打亂對方的原有部署，甚至動搖對方原來的期望值，使其失去信心
弊端	1. 對方聽了己方的報價後，可以對他們自己原有的想法進行最後的調整。由於己方先報價，對方對己方的交易條件的起點有所瞭解，對方就可以修改原先準備的報價，獲得本來得不到的好處 2. 先報價後，對方還會試圖在磋商過程中迫使己方按照他們的路子談下去。其最常用的做法是：採取一切手段，利用一切積極因素，集中力量攻擊己方的報價，逼迫己方一步一步地降價，而並不透露他們自己肯出多高的價格
適用	1. 採購方有實力時，如果採購方的談判實力強於對方，或者說與對方相比在談判中處於相對有利的地位，那麼採購人員先報價就是有利的。尤其是在對方對本次交易的行情不太熟悉的情況下，先報價會更有利，因為這樣可為談判先劃定一個基準線。同時，由於己方瞭解行情，還會適當掌握成交的條件，對己方無疑是利大於弊 2. 雙方實力相當時。採購人員透過調查研究，估計到雙方的談判實力相當，談判過程中一定會競爭得十分激烈，那麼，同樣應該先報價，以便爭取更大的影響

①確定報價起點

在基本掌握市場行情及其走勢的基礎上，採購人員即可參照近期成本價格，結合採購的意圖，擬定出價格的掌握幅度，確定一個大致的報價範圍，即確定一個最低目標水準，也就是可以接受的最壞的交易條件。

②確定報價時機

採購人員與供應商在談判中，供應商透過報價來表明自己的立場和利益要求。一般情況下，採購人員和供應商都不會輕易把底價透露給對方，而是留下討論協商、討價還價的空間，所以採購人員在接受供應商報價和主動報價時，要極其謹慎。

採購人員要根據先報價的利弊關係確定是否先報價。

(2)進行磋商

圖 8-1　磋商的步驟

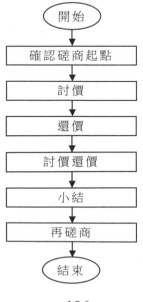

　　磋商也叫討價還價，是洽談過程的一個關鍵階段，也是最困難、最緊張的階段。

　　在交易條件的磋商過程中，洽談雙方都要作出一定程度的讓步。讓步是雙方為達成協定所必須承擔的義務，在磋商過程中是在所難免的，但如何讓步值得認真研究。採購人員應根據實際情況採用恰當的讓步策略，以便實現己方的採購談判目的。

　　採購人員在詢價後，選擇兩家以上供應商進行交互議價，並且在議價時應注意品質、交期、服務兼顧。

表 8-2　議價時的注意事項

事　項	具　體　內　容
掌握議價優勢	市場價格下跌或有下跌趨勢時
	採購頻率明顯增加時
	本次採購數量大於前次時
	本次報價偏高時
	有同樣品質服務的供應商提供更低價格時
	公司策略需要降低採購成本時
	擁有其他有利條件時
其他事項	採購專業材料、用品或項目，採購人員應會同使用部門共同詢價與議價
	供應商提供報價的商品規格與請購規格不同或屬代用品時，採購人員應送請購部門確認後方可議價
	進行詢價的供應商應屬於合格供應商或經總經理特准的供應商

3.成交

成交是談判的最後階段，也是一項交易談判的結束。成交階段的主要任務是促成交易和簽訂協定。判定談判是否進入成交階段，可以從交易條件和談判時間兩方面進行。

表 8-3　促成成交策略

策　略	具　體　內　容
最後通牒	提出己方的最後讓步條件，並以此向對方施加壓力，要求其接受，不接受即要承受談判失敗的後果。向對方發出最後通牒要冒被對方拒絕的風險，因此要謹慎行事
折　中	以雙方進入最後階段時的立場差距的中間條件為基礎，雙方做出大致相等的讓步，促成交易
一攬子交易	雙方將談判至最後階段時將各自堅持的條件作整體交換，以謀求達成協議，結束談判

二、雙方訂立採購合約

簽約是指供需雙方對合約的內容進行協商，取得一致意見，並簽署書面協議的過程。

採購員在簽約合約時應遵照以下五個步驟。

1.訂約提議

訂約提議是指一方向對方提出的訂立合約的要求或建議，也稱要約。訂約提議應提出訂立合約所必須具備的主要條款和希望對方答覆的期限等，以供對方考慮是否訂立合約。提議人在答覆期限內不得拒絕承諾。

2.接受提議

接受提議是指被對方接受，雙方對合約的主要內容表示同意，經過雙方簽署書面契約，合約即可成立，也稱承諾。承諾不能附帶任何條件，如果附帶其他條件，應認為是拒絕要約，而提出新的要約。新的要約提出後，原要約人變成接受新的要約人，而原承諾人成了新的要約人。

實踐中簽訂合約的雙方當事人，就合約的內容反復協商的過程，就是要約→新的要約→再要約→……直到承諾的過程。

3.填寫合約文本

填寫合約文本時要注意格式如下。

⑴貨物品種名稱。一定要寫全，不要簡稱。

⑵數量。不同規格要分開寫，必要時標註大寫。

⑶價格。不同規格要分開寫。

⑷交貨方式。自提、送貨要註明，送貨地點、時間要寫清，是付費送貨還是免費送貨要註明。

⑸付款方式。可以先付一點定金，餘款在到貨驗收合格後再付現金支票或限定期限內付清均可。

4.履行簽約手續

雙方要按照合約文本的規定事項，履行相關的簽約手續。具體的手續，也可由雙方協商而定。

5.報請簽約機關簽證或報請公證機關公證

有些合約，法律規定還應獲得主管部門的批准或工商行政管理部門的簽證。對沒有法律規定必須簽證的合約，雙方可以協商決定是否簽證或公證。

表 8-4　採購合約審核條款

審核條款	注意要點
採購商品信息	名稱、規格、數量、單價、總價、交貨日期及地點，須與請購單及決算單所列相符
付款辦法	明確買賣雙方約定的付款方式，如一次性付款、分期付款
驗收與保修	在合約中約定：供應商物料送交企業後，須另立保修書，自驗收日起保修一年(或幾年)；在保修期間如有因劣質物料而致損壞者，供應商應於多少天內無償修復，否則企業另請第三方修理，其所有費用概由供應商負責償付
解約辦法	在合約中約定供應商不能保持進度或不能符合規格要求時的解約辦法，以保障企業的權益
延期罰款	在合約中約定：供應商須配合企業生產進度，最遲在某月某日以前全部送達交驗，除因天災及其他不可抗力的事故；若逾期，供應商應每天賠償企業採購金額××%的違約金
保證責任	在合約中約定：供應商應找實力雄厚的企業擔保供應商履行本合約所訂明的一切規定，保證期間包含物料運抵企業經驗收至保修期滿為止，保證人應負責賠償企業因供應商違約所蒙受的損失
其他附加條款	視採購商品的性質與需要而增列

三、採購合約的形式

　　一份買賣合約應該內容完整、敘述具體，否則容易產生法律糾紛。通常採購合約沒有固定形式，但在簽訂採購合約時採購人員大體

上還是應遵照：開頭、正文、結尾、附件的形式。

(一)開頭

開頭的內容應包括以下內容。

(1)名稱：如設備採購合約、原材料採購合約等。

(2)編號：…………

(3)簽訂時間：…………

(4)簽訂地點：…………

(5)買賣雙方名稱：…………

(6)合約序言如：「雙方一致認同」、「特立下此合約」等。

設備採購合約

工程名稱：

合約設備名稱：

合約號：

買方：

賣方：

合格供方編號：

簽訂日期：

簽訂地點：

A 公司作為買方和 B 公司作為賣方，就下列合約文件於 2023 年 10 月 11 日簽定本合約。

本合約以業主(　003 號文件)與買方簽訂的合約(即外合約，合約號 08-04 號)有關條款為基礎，買方作為本合約的需方，按外合約相關條款履行其義務；賣方是本合約的供方，按外合約相關條款履行其義務。

雙方宗旨是履行好外合約。

(二)正文

採購合約的正文條款構成了採購合約的內容，應當力求具體明確、便於執行、避免發生糾紛。應具備以下主要內容。

1.產品的品種、規格和數量、價格

商品的品種應具體，避免使用綜合品名；商品的規格應規定顏色、式樣、尺碼和牌號等；商品的數量多少應按計量單位標出產品的價格。必要時，可附上商品品種、規格、數量明細表。

經甲、乙雙方經充分協商，達成如下協定，以資遵守。

一、甲方向乙方供應以下產品

品名	規格型號	單位	數量	單價	式樣	尺碼	牌號

2.產品的品質標準

合約中應規定產品所應符合的品質標準，無國家標準應由雙方協商憑樣訂(交)貨；對於副、次品應規定出一定的比例，並註明其標準；對實行保換、保修、保退辦法的商品，應寫明具體條款。

二、合約物料的技術標準(包括品質要求)

需方企業物料代碼	物料名稱	規格	技術標準或要求

有上述標準的，或雖有上述標準，但需方有特殊要求的，按甲乙雙方在合約中商定的技術條件、樣品或補充的技術要求執行。

3.產品的包裝

對商品包裝材料、包裝式樣、規格、體積、重量、標誌及包裝物

的處理等，均應有詳細規定。

三、合約物料的包裝標準、包裝物的供應與回收

⑴合約物料的包裝，按需方企業技術規定執行：＿＿＿＿＿＿＿＿＿。

⑵包裝物標識規定：＿＿＿＿＿＿＿＿＿＿＿＿＿＿＿＿。

⑶如該合約物料沒有需方產品的包裝企業技術規定，則按有關規定或採用適宜運輸與保證品質的包裝。

⑷合約物料的包裝物，由乙方負責供應；包裝費用，由乙方負責。如果甲方有特殊要求的，雙方應在合約中商定。

甲方負責乙方要求回收的合約物料包裝物的保護並統一地點存放。乙方應在七　天內將合約物料的包裝物運走；否則，對包裝物的任何問題甲方不負責。

---

4. 結算方式

合約中對商品的結算作出規定，規定作價的辦法和變價處理等，以及規定對副品、次品的折扣辦法；規定結算方式和結算程序。

四、結算方式

貨款結算方式為：每月二十五(25)日前結清截止上月二十五(25)日檢驗合格的合約物料的貨款，扣除貨款＿＿＿＿＿＿(說明：品質保證金可採用超額付款，或在每次支付貨款時扣除一定比例的方式)作為品質保證金，乙方根據餘額開具發票，甲方以三　個月承兌匯票的方式支付貨款(乙方如要求將承兌方式改為現匯支付，由乙方不低於月息 0.34 貼息給甲方)。

品質保證金於雙方終止業務來往的＿＿＿＿＿年內結清。第一年結算＿＿%，第二年結算＿＿%，第三年結算＿＿%。

5.交貨期限、地點和發送方式

交（提）貨期限（日期）要按照有關規定，並考慮雙方的實際情況、商品特點和交通運輸條件等確定。同時，應明確商品的發送方式（送貨、代運、自提）。

五、交貨

乙方應按甲方委外加工或採購生產通知單，準時以汽車運輸的方式送貨至甲方指定地點，由甲方倉庫派員點收，經檢驗合格後，開具收料單，運費由乙方負責。所送合約物料必須做到包裝完整、標識明確、規格統一；附送清單，做到數量與委外加工或採購生產通知單相符，並在送貨單上註明物料代碼、名稱、規格、數量、單位及生產廠商的合格證。

6.商品驗收辦法

合約中要具體規定在數量上驗收和在品質上驗收商品的辦法、期限和地點。

六、物料檢驗甲方自合約物料入庫之日起七(7)個工作日內完成驗收，驗收標準與手段按照本合約第二條的規定或行業通行標準或國家標準執行。雙方如對品質問題產生爭議的，按甲方所在地品質監督檢察機關檢測結果為準。

7.違約責任

簽約一方不履行合約，違約方應負物質責任，賠償對方遭受的損失。在簽訂合約時，應明確規定，供應者有以下三種情況時應付違約金或賠償金。

⑴未按合約規定的商品數量、品種、規格供應商品。

⑵未按合約規定的商品品質標準交貨。

⑶逾期發送商品。購買者有逾期結算貨款或提貨、臨時更改到貨地點等，應付違約金或賠償金。

七、違約責任

1.甲方逾期交付的，如乙方同意收取，視為甲方完全履行合約。如乙方認為不再需要購買該產品，甲方應退還乙方支付的預付款。

2.甲方交付的產品規格與約定不符的，應當負責調換；數量與約定不符的，對於多出的部份，乙方可以選擇按價接收或者退還甲方，對缺少的部份，甲方應負責補齊或減少相應價款。

3.甲方交付的產品品質與約定不符，乙方同意收貨的，雙方應當按質重新約定價格。乙方不同意收貨的，甲方應當更換。甲方不能更換的，應退還乙方支付的預付款。

4.乙方遲延付款的，每遲延一⑴日，按照遲延給付部份的萬分之四支付違約金。

8.保險

在 CIF 條件下，由賣方出資按 110%發票金額投保。在 FOB 條件下，貨品裝運後由買方投保。

9.檢驗

⑴賣方應隨貨或提前將有關的出貨檢驗報告或證明提供給買方以備檢查。

⑵買方按上面所述各方同意的品質、技術規格、定貨量及包裝要求等進行收貨並進行來貨檢驗。

⑶若交貨不符合要求並確定退貨，退貨需按要求由賣方拉走或買方退出，本地貨品一週內、國外貨品一個月內退定。

⑷若交貨不符合要求，使用緊急而被確定挑選，則賣方應立即組

織挑選或由買方直接組織挑選，因此發生的費用由賣方承擔。

10. 索賠

除應由保險企業或貨運企業承擔的賠償外，對任何涉及品質、技術規格或數量等不符合雙方同意的有關條款要求的情況，買方有權要求給予賠償。因此而發生的如檢驗、退貨運輸、補貨、保險、倉儲、裝卸等費用應由賣方負擔。

一旦有不符合的情況發生，買方將書面通知賣方；賣方有責任立即採取改進行動，防止問題再次發生。

11. 不可抗力

若賣方因不可抗力，包括罷工、火災、水災、政府行為或禁令及其他任何不可合理控制的理由，不能按商定要求按時供貨，賣方應在事發 14 天內郵寄由當地政府簽發的事發證明給買方。

即使不可抗力事件發生，賣方仍有責任採取一切可能措施恢復供貨。

若賣方在事發後兩週內仍不能履行合約責任，買方有權按合約棄權處理。

12. 合約的變更或解除

合約的變更或解除合約等情況，都應在合約中予以規定。

八、合約的變更、解除

1. 合約期內，甲乙任何一方經協商一致均可變更或解除本合約。如有《合約法》第 94 條規定的解除合約條件的情況出現，均可解除合約。

2. 乙方連續或累計兩個月未能按時交貨的，或生產的合約產品發生重大品質事故的，甲方有權解除本合約，並有權要求乙方賠償由此給甲方造成的損失。

3. 合約因任何原因而解除，乙方應在三十(30)日內將甲方所有為履行本合約而提供乙方使用的物品和材料，包括但不限於模具、商標標識、技術資料、

供應商名單等，歸還甲方。

13. 不可抗力

　在合約的執行過程中，發生了不可預測的、人力難以應付的意外事故的責任問題。

九、不可抗力

　甲乙雙方的任何一方由於不可抗力的原因不能履行合約時，應及時向對方通報不能履行或不能完全履行的理由，在取得有關主管機關證明以後，允許延期履行、部份履行或者不履行合約，並根據情況可部份或全部免於承擔違約責任。

14. 合約的其他條款

　合約的其他條款可以根據企業具體情況而定，但是在簽定合約時也必須給予說明，比如：保值條款，糾紛解決等。

15. 紛爭解決

　⑴本合約雙方當事人在履行合約時發生的一切爭議，均應透過友好協商解決；如友好協商不能解決，雙方當事人可選擇仲裁或法院訴訟方式解決。

　⑵雙方選擇仲裁時，應另行達成仲裁協定，並確定仲裁機構。

　⑶如果選擇訴訟，應按法律規定確定受理案件的訴訟法院。

(三) 結尾

合約結尾部份包括以下內容。

⑴合約的份數。

⑵使用語言與效力。

⑶附件。

⑷合約簽字生效日期。

⑸雙方簽字蓋章。

十、其他

1. 按本合約規定應該償付的違約金、賠償金、保管保養費和各種損失，應當在明確責任後十(10)天內，按銀行規定的結算辦法付清，否則按逾期付款處理。但任何一方不得自行扣發貨物來充抵。

2. 解決合約糾紛的方式：執行本合約發生爭議，由當事人雙方協商解決。協商不成，雙方同意由甲方所在地法院管轄。

3. 本合約一式三份，甲方執兩份，乙方執一份，具同等法律效力。

4. 本合約經雙方簽字並加蓋合約專用章後生效，有效期自＿＿年＿＿月＿＿日到＿＿年＿＿月＿＿日，或終止於合約完全履行或其他解除事由出現時。

5. 雙方簽訂的《品質保證協議》、《業務交往若干問題備忘錄》、《商標使用管理合約》、《知識產權保護協定》為本合約的附件。

甲方：　　　　　　　　　　乙方：

授權代表：　　　　　　　　授權代表：

日期：＿＿年＿＿月＿＿日　日期：＿＿年＿＿月＿＿日

四、採購合約的督導

買賣雙方簽訂採購合約以後，有關賣方的生產計劃、製造過程中抽檢、物料的供應等有關作業，買方為了避免因賣方無法履約或交

貨,因此得以向賣方進行督導。

1.採購合約的履約督導

為了供應商能如期交出適當的品質、數量,在簽約後需進行督導。履約督導要由驗收單位或技術人員主辦。

督導時發現問題應及時要求供應商改進,否則應請採購單位採取補救措施。

履約督導對於特殊案的採購要加強處理,例如,緊急採購、大宗採購、精密設備、技術性高的加工等。

2.採購合約的履約督導方式

圖 8-2　履約督導的方式

方式一	整體督導	從生產開始至交貨驗收,派有專人督導
方式二	重點督導	視合約需要到供應商工廠作抽樣檢查,或檢查合約內規定事項及要求事項

3.國內採購對製造商履約督導的要點

⑴原料準備是否充分,不足者有無補充計劃?

⑵設備及工具齊全否?

⑶製造計劃與合約所列品名、規格、數量是否相同?

⑷預定生產進度的安排是否妥當?是否配合契約的交貨期?

4.國外採購時履約督導要點

⑴對貿易商的督導。與國外製造商聯繫的情形如何?是否有定期報告製造進度?預期交貨的數量及船期的安排如何?進口日期是什麼時候?國外廠商如果無法如期交貨時,其補救辦法如何?

⑵外購案如果由國外廠商直接報價而簽約者。其履約督導可透過政府駐外單位尋求協助辦理,或委託國外徵信機構辦理。

⑶外購案如果經由本公司駐國外採購單位辦理者。履約督導可視該國實際情況而依照國內採購案的規定進行。

五、採購合約的修改

一般採購合約簽訂以後以不再變更為原則,但為了維護買方的共同利益,得經買賣雙方共同協定對合約加以修改。但合約的修改必須在不損及買賣雙方的利益及其他關係人的權益下進行。通常有下列情形時,須協議修改合約條款。

1.作業錯誤而經調查原始技術資料可予證實的

合約簽訂以後如發現作業有錯誤而須加以更正時,以原始技術資料為準而經買賣雙方協議加以修正,並將修正情形通知相關單位。

2.製造條件的改變而導致賣方不能履約的

由於合約履行督導期間發現因製造條件的改變,因而判定賣方不能履約,但因物料的供應不能終止合約或解約,重新訂購無法應急時,買方可以協議適度地修改原合約後要求賣方繼續履約。

3.以成本計價簽約而價格有修訂的必要的

以成本計價的合約,由於成本的改變、超過合約規定的限度時,買賣雙方均可提出要求修訂合約所訂的總成本。但固定售價合約其價格以不再改變為原則,但如有下述情形時可協議修改。

⑴由於生產材料的暴跌致使賣方獲取暴利時,可協議修訂價格。

⑵由於生產材料的暴漲致使買方履約交貨困難,解約重購對買賣雙方不利時,可協議修訂價格。

六、採購違約的處理

　　所謂違約是指供應商違背履行採購合約的原則，客觀上不履行採購合約義務或者履行採購合約義務不符合約定。採購主管處理採購違約的權力取決於採購合約中的條款。

　　採購違約按不同的標準有不同的分類。採購違約的形式主要有供應商拒絕交貨、不適當交貨以及拒絕或遲交單證及資料。交貨義務是供應商的主給付義務。供應商不履行交貨義務，將使企業的採購合約目的落空或受挫。因供應商不履行交貨義務或不適當履行交貨義務而引起的違約，是採購中的主要違約形式之一。供應商違反交貨義務的表現主要包括：拒絕交貨，交貨的時間、地點、方式、數量、品質、包裝有瑕疵，拒絕交付提貨單證以外的有關單證和資料，交付提貨單證以外的有關單證和資料的時間、地點、方式有瑕疵等。

　　當供應商違約後，採購主管可以採取繼續履行、解除合約、賠償損失以及採取補救措施等辦法來處理採購違約。

　　1. 繼續履行

　　一方違約，另一方要求繼續履行的，實質是要求違約方依約實際履行。

　　2. 解除合約

　　解除合約作為違約處理的一種辦法，是指供應商違約後，企業直接依照法律規定或合約的約定，單方面通知供應商，使合約提前終止的情形。供應商違約，企業解除合約的，在多數情況下是對供應商的沉重打擊。

3.繼續履行

供應商拒絕交貨的，採購主管可以要求供應商交貨。供應商拒絕交貨使企業遭受損失的，採購主管有權要求供應商賠償損失。

4.賠償損失

賠償損失作為違約的處理辦法，是指供應商因其違約而給下單企業造成的損失負賠償責任。它與侵權法上的損害賠償相比，有不賠償精神損失、可以約定損失賠償額的計算方法、賠償以供應商訂約時能預見到的損失為限等特點。

七、採購合約的取消

取消合約即是不履行合約的義務，因此為了公平的原則，不遵守合約的一方必須承擔發生取消合約的責任。但在法律上，到底那一方須承擔責任，應視實際情形來決定。

一般取消合約大致有違約的取消、為了買方的方便而取消、雙方同意取消合約三種情形，其具體內容如下。

1.違約的取消

圖 8-3　違反合約的兩種情況

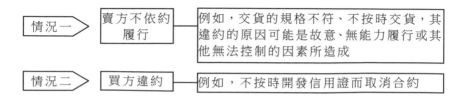

| 情況一 | 賣方不依約履行 | 例如，交貨的規格不符、不按時交貨，其違約的原因可能是故意、無能力履行或其他無法控制的因素所造成 |
| 情況二 | 買方違約 | 例如，不按時開發信用證而取消合約 |

2.為買方的方便而取消

例如，買方由於利益或其他因素不願接受合約的物質而取消合

約，此時賣方可要求買方賠償其所遭受的損失。

3. 雙方同意取消

合約此種情形大都出於不可抗力的情形而發生的。

八、採購合約的終止

為維護買賣雙方的權益，在採購合約內訂有終止合約的條款，以便在必要時終止合約的全部或其中的一部份。

圖 8-4　採購合約終止的原因

原因一	發現報價不實，有圖謀暴利時
原因二	有違法行為而經查證屬實者
原因三	履約督導時發現嚴重缺點，經要求改善而無法改進以致不能履行合約時

在履約期間，因受天災人禍或其他不可抗力的因素，使供應商喪失履約能力時，買賣雙方均應要求終止合約。

1. 合約終止的賠償責任

具體賠償責任如下。

⑴因需要變更而由買方要求終止合約者，賣方因而遭受的損失，由買方負責賠償。

⑵因賣方不能履約，如果屬於天災人禍或不可抗力因素所引起的，買賣雙方都不負賠償責任。但如果賣方不能履約是屬於人為因素，買方的損失由賣方負責賠償。

⑶因特殊原因而導致合約終止的，買賣雙方應負何種程度的賠償責任，除合約中另有規定而依其規定外，應同有關單位及簽約雙方共

同協議解決，如無法達成協議時則可採取法律途徑解決。

⑷採購合約規定以收到信用證為準並訂明在收到信用證以後多少日起為交貨日期。由於其在開發信用證以前尚未具體生效，此時不論買賣雙方是否要求終止合約，可直接通知對方而不負任何賠償責任。

⑸信用證有效日期已過而賣方未能在有效期內裝運並辦理押匯時，買方應以不同意展延信用證日期而終止合約，此時買方不負任何賠償責任。

⑹如果在交貨期中終止合約時，除合約另有規定以外，合約的終止需經買賣雙方協議同意後才可，否則可視實際責任要求對方負責賠償。

2.國內採購合約終止的規定

⑴買方終止合約

買方驗收單位根據規定終止合約時，應立即通知賣方，並在通知書上說明合約終止的範圍及其生效的日期。

賣方接獲通知以後，應按照以下規定辦理。

①依照買方終止合約通知書所列範圍與日期停止生產。

②除為了完成未終止合約部份的工作所需外，不再繼續進料、僱工等。

③對於合約內被終止部份有關工作的所有訂單及分包合約，應立即終止。

④對於賣方對他人的訂單及分包合約終止所造成的損失，可按終止責任要求賠償。

⑤對於終止合約內已製成的各種成品、半成品及有關該合約的圖樣、資料，依照買方的要求而送到指定的地點。

合約終止責任如屬買方時，賣方在接獲合約終止通知書後，可在六十(60)天內申請賠償。如賣方未能在規定的期間提出請求，則買方依情況決定是否給予賣方賠償。

⑵賣方終止合約

合約終止責任如屬賣方時，賣方應在接獲合約終止通知書後，在規定期內履行賠償責任。如果終止合約僅為原合約的一部份時，對於原合約未終止部份應繼續履行。

3.損害賠償

企業採購方檢驗的結果和訂購的數量、品質及條件一致時，就完全沒有問題。但是如果商品不同或有不良品、商品有一部份沒達到品質、商品數量不足、交貨期延遲，或是出貨不符、不全或是不履行等情形，就需要作處理。這時候就必須要求供應商賠償，以防止這類情形再發生。

例如當數量不足時，就要提早要求追加補充。提出賠償的程度，會因為疏忽乃至於重大過失等因素的不同而有程度之分：提出警告、要求商品賠償、要求金錢賠償。

因為可能有要求賠償，所以雙方事先一定要互相協商好相關的賠償條款和約定。

第 9 章

供應商的績效考核管理

　　供應商的考核體系是指對供應商各種要求所達到的狀況進行計量評估的評估體系，同時也是綜合考核供應商的品質與能力的體系。不同類型、不同規模的企業對供應商的考核體系也不同；同時，企業對不同行業的供應商的要求也不盡相同。

　　一個企業應根據不同供應商行業制定不同的評分要求，以便更好地管理和正確地評估供應商。

　　供應商績效考核體系是由一組既獨立又相互關聯，並能較完整地表達評價要求的考核指標組成的評價系統。供應商績效考核體系的建立，可以確保績效考核行之有據，同時確保考核結果準確、合理。

一、確定供應商考核的目標

　　供應商績效考核是由一組既獨立又相互關聯，並能較完整地表達評價要求的考核指標組成的評價系統；供應商績效考核體系的建立，

可以確保績效考核行之有據，同時確保考核結果準確、合理。

表 9-1　供應商績效考核的目標

目標	相關說明
獲得符合企業總體品質和數量要求的產品和服務	企業有一整套的戰略規劃和方針。在選擇供應商時，必須充分考慮該供應商的發展方向與本企業的發展方向是否一致，它所提供的產品和服務能否滿足本企業在品質及數量方面的要求
確保供應商能夠提供最優質的服務、產品及最及時的供貨	企業在選擇供應商並確立雙方的供需關係後，都必須將最優質的服務、產品及最及時的供貨作為考核供應商的根本原則
力爭以最低的成本獲得最優的產品和服務	企業總是以追求最大利潤為根本目標。因此，在供需關係發生後，採購方也會採取多種措施來降低自己取得最優產品和服務的成本，能夠提供最大供應價值的供應商是所有採購方都希望與之合作的
淘汰不合格的供應商，開發有潛質的供應商，不斷推陳出新	採購方與供應商之間並非是從一而終的既定關係。雙方都會不斷地衡量自身利益是否在和對方的合作中得以實現，那些不符合自身利益的合作夥伴最終會被摒棄
維護和發展良好的、長期穩定的供應商合作關係	越來越多的企業意識到，同供應商發展戰略夥伴關係更加有利於自身的發展，這是經過市場檢驗的基本規律。採購方謀求的應該是建立並維持長期的夥伴關係

供應商的業績對製造企業的影響越來越大，其交貨、產品品質、提前期、庫存水準、產品設計等方面都影響著企業採購能否成功。因

此，企業需要對供應商進行績效考核，以保證企業供應鏈系統的穩定和高效運作。對供應商進行績效考核時，企業必須明確自己的考核目標，從而確保考核工作的有的放矢。

供應商績效考核所要達成的目標不同，考核方式及側重點也會有所不同。例如，將考核目標設定為「力爭以最低的成本獲得最優的產品和服務」時，那麼，考核方式以「多家供應商對比考核」為佳，考核的側重點應為產品價格，價格指標所佔權重也會隨之提升。

二、負責供應商績效考核的部門

供應商績效考核是供應鏈管理的基礎，也是供應鏈風險控制的重點。在現代企業中，對供應商的管理不僅僅是與物料、服務、採購有關的交易，還應包括對供應商考核體系的構建和及時的動態評價。對供應商進行績效考核的目的在於站在提高企業競爭力的角度，動態地、適時地依據考核體系確定的指標和分配分值對供應商進行考核、分級、獎懲等，確定其是否實現預期績效；透過考核形成相應的文件，為管理者提供必要的對供應商決策的依據。

供應商績效考核是一個非常複雜的過程，涉及品質數據、交貨數據和成本數據等各種數據的採集，數據採集之後還要進行大量的計算。此外，考核項目中還涉及主觀項目的評分，需要跨部門不同的人員共同打分。所以一定要明確供應商績效考核的部門和責任人員。

一般來說，供應商績效考核由採購部主持，組織品管部、倉儲部及相關專業技術人員進行評價和選擇，並對重要採購產品實施現場評定。各個部門的評價內容不一樣：

⑴採購部。採購部負責評價的內容有：

①文件控制：管理制度、辦法，文件的保管及發放，文件更改的控制，現場使用的文件情況。

②包裝、貯存及交貨：在庫品的管理，倉庫條件，包裝及防護，交貨的及時性及服務品質。

③供應商信譽及產品信譽：品質歷史及產品信譽，企業對重大問題(如品質事故)的分析、控制。

(2)品管部。品管部負責評價的內容有：

①品質保證體系：體系結構的完善性，體系文件、記錄的完整性和可靠性，全員品質意識和品質教育開展情況，體系運作的有效性。

②產品設計開發能力、管理。

③過程控制：工序控制辦法，技術文件，關鍵工序和特殊工序的控制，產品批次控制，生產人員素質，生產環境，不合格品的控制，生產設備的維護和保養。

④檢驗：檢驗機構、人員，檢驗依據文件，檢驗設備，檢驗過程控制，檢驗環境，檢驗設備的校準，檢驗記錄，成品檢驗。

(3)倉儲部。倉儲部主要負責協助對交貨的及時性和服務品質的評價。

三、供應商考核內容設計

供應商考核的內容包括六個方面，具體內容如下表所示。

表 9-2　供應商考核內容一覽表

序號	評估參數	考核內容
1	履約情況	(1)供應商與企業合作過程中的履約狀況
		(2)在合作過程中是否有違約行為
2	價格	(1)是否按照採購合同的規定價格進行供貨
		(2)是否根據市場價格的變化而調整價格並及時提供調整資訊
		(3)所提供物資的價格是否高於同品牌、同型號產品的一般價格
		(4)價格是否有下降空間
3	交貨	(1)是否按照合同內所規定的日期準時交付產品或提供物資
		(2)是否按照合同所規定的交付方式進行交付
4	品質	(1)物資或產品是否符合合同所規定的品質標準
		(2)是否存在因包裝、工藝、材料的缺陷而產生品質問題
		(3)生產工藝品質是否能夠保證產品或物資品質
5	服務	(1)售前服務是否周到、全面
		(2)售後服務是否及時、良好，出現問題時是否能夠及時受理並加以解決

四、供應商績效考核的步驟

1. 收集供應商信息

供應商信息的收集，主要是收集供應商為企業提供物品供應過程中所產生的各種信息，包括品質、價格、交貨的及時性、包裝的符合性、服務與工作配合等。

2. 確定考核策略，劃分考核層次

對供應商績效考核的一般做法，是劃分出月考核、季考核和年度考核(或半年考核)的標準和所涉及的供應商。月考核一般針對核心供應商及重要供應商，考核的要素以品質和交貨期為主。季考核針對大部份供應商，考核的要素主要是品質、交貨期和成本。年度考核(或半年考核)一般針對所有供應商，考核的要素包括品質、交貨期、成本、服務和技術合作等。

進行分層次考核的目的在於抓住重點，對核心供應商進行關鍵指標的高頻次評估，以保證能夠儘早發現合作過程中的問題。對於大部份供應商，則主要透過季考核和年度考核來不斷檢討，透過擴充考核要素進行全面的評估。

3. 供應商分類，建立評估準則

確定考核策略和考核層次之後，接下來要對供應商進行分類，進一步建立評估細分準則。這一階段的重點是對供應商供應的產品分類，對不同類別的供應商建立不同的評估細項，包括不同的評估指標和每個指標所對應的權重。

例如，某電子製造企業在供應商月評估時，對 IC 類供應商和結構件供應商進行考核。對於 IC 類供應商，供貨週期和交貨準確性是

關鍵的評估指標；而對於結構件來說，供貨彈性、交貨準確性和品質是關鍵的評估指標。

　　進行供應商考核一般採取平衡計分卡工具。例如，某製造企業於2008年第二季針對某結構類供應商進行季考核，考核表設定了成本、品質、交貨期和服務四個主要評估要素，然後對每個要素設定了相應的權重；針對每個主要評估要素，又分別設定了具體的評估指標，以及相應的權重。

　　需要特別指出的是，考核策略需要根據不同層次、不同供應商類別，結合企業具體的管理策略進行定義。

4.劃分績效等級，進行三個層次的分析

　　采用平衡計分卡工具對供應商的每一項指標進行具體考核後，接下來要對供應商的績效表現劃分等級，例如將供應商績效分成五個等級。依據等級劃分，可以清楚地衡量每家供應商的表現。

　　掌握了每家供應商的表現之後，要對考核結果有針對性地分類，採取不同的處理策略。首先進行供應商的績效分析。具體來說，可從三個層次進行：根據本次考核期的評分和總體排名進行分析；與類似供應商在本次考核期的表現進行對比分析；根據該供應商的歷史績效進行分析。

　　透過這些不同維度的分析，可以看出每家供應商在單次考核期的績效狀況、該供應商在該類供應商中所處的水準、該供應商的穩定性和績效改善狀況等，從而對供應商的表現有一個清晰全面的瞭解。

5.定位新的採購策略

　　根據供應商的績效表現對供應商進行重新分類後，可以有針對性地調整採購戰略。以供應商績效和考核期所採購金額為軸，繪製二維分析圖。

若供應商績效表現相對良好，因此，無論向該供應商購買多少金額，都可以暫時不用太多關注。

若該供應商購買的金額很大，而該供應商的績效表現並不好，這是最需要研究的部份。針對這一部份，要根據實際情況儘快作出決定，是尋找替代供應商還是採取措施要求供應商進行改善。

對於績效表現不好但採購金額不大的供應商，通常都不是一些關鍵供應商或不可替代的供應商，完全可以採用更換供應商的策略以作調整。

6.設定改善目標，督促供應商進行改善

把供應商分類之後，對於希望繼續合作但表現不夠好的供應商要儘快設定供應商改善目標。首先，將考核結果回饋給供應商，讓供應商瞭解他那裏做得好，那些地方表現不足。

改善的目標一定要明確，要讓供應商將精力聚焦在需要改善的主要方面。例如，績效考核之後，可能該供應商有 5 項指標做得不好，但企業希望供應商對其中的兩項指標能儘快改善，那麼就將這兩項指標及企業所希望達到的水準回饋給供應商，讓他們在下個週期裏重點改善這兩項指標，而不是其他三項指標，從而讓供應商的努力同企業的期望達成一致。

五、供應商績效考核的 KPI 指標

供應商績效分統計是供應商績效考核體系建立的關鍵環節，它直接決定著供應商績效考核結果的好壞，對供應商績效考核的公正、客觀起著重要作用。一般來說，供應商績效分統計程序主要包括以下 3 個步驟。

1. 確定 KPI 指標

統計供應商績效考核分數，首先應確定 KPI 指標，可透過平衡計分卡、財務報表、戴明循環等方法制定 KPI 指標。

根據影響供應商交貨績效的主要閃素，供應商績效考核 KPI 指標通常有 4 種類型：價格、品質、交期、配合度。

表 9-3　經濟指標中的考核要素

相關要素	相關說明
價格水準	企業可以將自己的採購價格同市場行情比較，也可以根據供應商的實際成本結構及利潤率等進行主觀判斷
報價行為	主要包括報價是否及時，報價單是否客觀、具體、透明（分解原材料費用、加工費用、包裝費用、稅金、利潤以及相對應的交貨與付款條件）
降低成本的態度與行動	供應商是否自覺自願地配合企業或主動地開展降低成本活動、制訂成本改進計劃、實施改進行動，是否定期與企業審查價格等
分享降價成果	供應商是否將降低成本的利益與眾分享
付款	供應商是否積極配合企業提出的付款條件、付款要求以及付款辦法，供應商開出付款發票是否準確、及時，是否符合有關財稅要求

表 9-4　支援、合作與服務指標

考核要素	相關說明
投訴反應的靈敏度	供應商對訂單、交貨、品質投訴等反應是否及時、迅速，答覆是否完整，對退貨、挑選等要求是否及時處理
溝通有效性	供應商是否派出合適的人員與企業定期進行溝通，溝通手段是否符合企業的要求（電話、傳真、電子郵件以及文件書寫所用軟體與本公司的匹配程度等）
合作態度	供應商是否將本公司看成是其重要客戶，供應商高層領導或關鍵人物是否重視企業的要求，是否經常走訪企業，供應商內部溝通協作（如市場、生產、計劃、工程、品質等部門是否能整體理解並滿足企業的要求
共同改進的意願	供應商是否積極參與或主動提出與企業相關的品質、供應、成本等改進項目或活動，是否經常採用新的管理做法，是否積極組織參與企業共同召開的供應商改進會議、配合本公司開展的品質體系審核等
售後服務水準	供應商是否主動徵詢顧客意見，是否主動走訪企業，是否主動解決或預防問題發生，是否及時安排技術人員對發生的問題進行處理
參與開發的深度	供應商是否主動參與企業的各種相關開發項目，如何參與企業的產品或業務開發過程，表現如何
其他支援情況	供應商是否積極接納企業提出的有關參觀、訪問、實施調查等事宜，是否積極提供企業要求的新產品報價與送祥，是否妥善保存與企業相關的機密文件等不予洩漏，是否保證不與影響到企業切身利益的相關公司或單位進行合作等

2.確定 KPI 指標權重

確定完整、合理的供應商績效考核 KPI 指標後，下一步是確定每個指標的權重。確定 KPI 指標權重時，須遵循以下 3 項原則。

⑴每一個指標的權重應設在 15%～50%之間。某項指標的權重太高，會使供應商只關注這一個指標而忽視其他；過低，則不能引起供應商的重視。

⑵越是採購方看重的項目，該項指標的權重就越大；越是不重要的項目，該項指標的權重就越小。

⑶對於配合總目標達成的任何目標，其權數應不低於 25%；自行設定的次要目標，其權數最少不得低於 15%。確定 KPI 指標權重的方法，如表 9-5 所示。

表 9-5 確定 KPI 指標權重的方法

方法	說明
層次分析法	⑴各部門參與考核的人員和 1 個外部專家分別對各個指標進行權重設置，並由主管進行匯總平均。 ⑵將匯總平均後的結果再回饋給這些專家，讓他們根據第一次回饋的結果對自己設置的各指標權重分別進行調整，再交主管進行匯總。 ⑶二次匯總後，可基本確定各指標的權重(一般取整數)
月亮圖法	即權值因數法。按照幾個緯度(如戰略相關性、緊急性、如果完成不了的危害程度)，讓專家分別進行評分，計算出加權平均值
排序法	羅列出所有的考核指標，然後透過兩兩對比的方法，按照重要性進行指標排序，排在前面的指標權重大，靠後的權重小
經驗法	依靠個人(例如考核人員、考核主管等)的經驗判斷並賦值

3.建立評分標準和計分系統

設定好各項 KPI 指標的權重之後，還須建立一個適合本企業的評分標準和計分系統。

在不同行業、企業、產品需求、環境中，供應商績效考核各項 KPI 指標的權重以及評分標準會有所不同。供應商績效考核小組可根據本企業實際情況以及考核供應商績效的側重點，自行設計並調整供應商績效考核計分系統。

表 9-6　供應商績效考核評分系統

KPI 指標	評分項目	權數	計算公式	數據來源	考核部門	備註
品質指標（權重50%）	來料不合格批次（A）	1	品質指標得分＝[(A×1)＋(B×3)＋(C×5)＋(D×6)＋(E×10)＋(F×15)]/來料總批次×100	IQC（來料品質控制）	質檢部	物料品質異常次數是指：物料在生產工廠發生因品質問題而導致產線產生工時影響
	條件接收批次（B）	3		IQC		
	退貨批次（C）	5		IQC		
	物料品質異常次數（D）	6		品質工程師（QE）		
	型式試驗不合格（E）	10		IQC		
	市場品質事故（F）	15		JQE（用戶端品質工程師）		

續表

價格指標 （權重 20%）	同類物料價 格最低(A)	5	價格指標得分 ＝〔(A＋B＋C＋ D)/10〕×100	財務	財 務 部	
	同類物料價 格第二低(B)	3				
	同類物料價 格最高(C)	0				
	降價反應 速度快(D)	5				
交期指標 （權重 15%）	交貨延遲 批次(A)	1	交期指標得分＝ (A×1＋B×3)/ 交貨總批次 ×100	採購 PMC(生產及 物料 控制)	採購部	依影響 度不同 設定
	影響計劃排 產批次(B)	3			PMC	
配合度指 標 （權重 15%）	配合採購緊 急交貨(A)	5	配合度指標得分 ＝(A＋B＋C＋D ＋E＋F＋H)/20 ×100	採購	採購部	
	品質整改 及時(B)	5		品質	品質部	
	配合度好(C)	5		採購	採購部	
	配合度一般 (D)	3		採購	採購部	
	配合度差(E)	-1		採購	採購部	
	合作意願(F)	5		採購	採購部	
	配合新產品 開發(H)	5		研發	研發部	
總分	供應商績效考核得分＝品質指標得分×50%＋價格指標得分×20%＋ 交期指標得分×15%＋配合度指標得分×15%					

六、供應商績效考核的實施步驟

為確保供應商績效考核的有效進行，以及考核結果的準確性，必須規範績效考核程序。

表 9-7　供應商績效評估步驟說明

序號	步驟	說明
1	劃分評估層次，明確評估目標	劃分出月評估、季評估和年度評估(或半年評估)的標準和所涉及的供應商。對核心重要的供應商，進行關鍵指標的高頻次評估；對於大部份供應商，則主要進行季評估和年度評估。 (1)月評估。以品質和交貨期為主要評估要素，每月評估一次核心供應商及重要供應商。 (2)季評估。針對大部份供應商，以品質、交貨期和成本為主要考評估要素，每季評估一次。 (3)年度評估(或半年評估)。針對所有供應商，包括以品質、交貨期、成本、服務和技術合作等為評估要素，每半年或每年進行一次評估。
2	供應商分類，建立評估準則	根據供應商供應的產品進行分類。對於不同類別的供應商，確立不同的評估細項，包括不同的評估指標和對應的指標權重
3	劃分績效等級，進行績效分析	根據供應商的績效等級劃分，可以清楚地衡量每家供應商的表現，從而採取不同的管理策略。績效分析分為以下 3 個層次。 (1)分析本次考核期的評分和總體排名情況。 (2)對比分析與類似供應商在本次考核期的表現。 (3)根據供應商的歷史績效進行分析
4	回饋結果，督促供應商改善	經過績效分析、將評估結果回饋給供應商，使供應商瞭解自己的優點和不足。採購方需要提供明確的改善目標，讓供應商將精力聚焦在需要改善的主要方面

供應商績效考核的實施，是供應商績效考核的重中之重，對供應商績效考核的有效性起著至關重要的作用。因此，採購方應按照以上4個行動步驟組織實施，把每一個步驟列為一個作業單元，在行動前精心組織操作培訓和專項輔導，並進行必要的模仿演練。

七、績效考核的常用方法

不同的行業所採用的供應商績效考核方法會有所不同，但常用的方法不外乎 3 種：項目列舉法、加權指數法以及成本比率法。

1.項目列舉法

項目列舉法是一種定性的供應商評價方法。其通常由採購、收料、品質管理、工程、會計等相關部門，針對其所關切的項目，綜合每一個供應商過去以及現在的表現，評估其為滿意尚可或是不滿意。這個方法簡單易用，但可能會由於主觀判斷而無法真實反映供應商的整體績效，同時也無法針對某項較差的部份，做出改善的要求。

這個方法簡單易用，但可能會由於主觀判斷而無法真實反映供應商的整體績效，同時也無法針對某項較差的部份，做改善的要求。

表 9-8　項目列舉法示例表

供應商名稱：　　　　　　　　　　考核時間：

考核部門	考核項目	供應商的表現
採購部	(1)及時送貨。 (2)按所報價格送貨。 (3)價格競爭力。 (4)對應急訂單的管理。 (5)快速回應。 (6)希望提供的服務。 (7)購買能力的構成。	
收料部	(1)運載貨品準確率。 (2)物流效率。 (3)貨品包裝。	
品質管理部	(1)產品品質。 (2)ISO 證明。 (3)正確的行為。	
生產(工程)部	(1)產品的可靠性。 (2)解決工程問題的能力。 (3)快速提供技術信息。	
財務部	(1)發貨單的正確性。 (2)及時發出值得信賴的備忘錄。 (3)沒有附加的支付條件請求。	
總體評價：		

2.加權指數法

加權指數法是一種定量的供應商評價方法，每一個評價的項目（一般為品質、價格與交貨情況）根據其重要性給予加權(Weight)，計算整體的分數。加權指數的總和必須是一百。

對於一項產品的價格來說，假定採購價格給予 50%的加權指數，品質加權指數為 30%，則交貨的加權指數為 20%。在採購交易的一年中，供應商 A、B、C 在各項的表現如表 26-9 所示。

表 9-9　供應商 A、B、C 的表現

表現 供應商名稱	價格 （元）	總交貨次數 （次）	遲交次數 （次）	退貨次數 （次）
供應商 A	59	65	13	6
供應商 B	63	35	2	0
供應商 C	70	45	7	2

權重因數分析見表 9-10～表 9-13。

表 9-10　權重因數分析——價格

價格分析 供應商名稱	標價 （元）	價格比較	加權平均指數	評定級別 1 （%）
供應商 A	59	59/59＝100%	×0.5	50.0%
供應商 B	63	59/63＝93.7%		46.8%
供應商 C	70	59/70＝84.3%		42.1%

表 9-11　權重因數分析──品質

品質分析 供應商名稱	總交貨次數 （次）	總退貨次數 （次）	接受率 （%）	加權平 均指數	評定級別 2(%)
供應商 A	65	6	90.8%		27.2%
供應商 B	35	0	100%	×0.3	30.0%
供應商 C	45	2	95.6%		28.7%

表 9-12　權重因數分析──交貨情況

交貨情況分析 供應商名稱	總交貨次 數（次）	總遲交次 數（次）	及時交貨 率(%)	加權平均指 數率(%)	評定評定 級別 3(%)
供應商 A	65	13	80.0%	X0.20	-16.0%
供應商 B	35	2	94.3%	x0.20	18.9%
供應商 C	45	7	84.4%	X0.20	-16.9%

表 9-13　權重因數分析──總體評價

總體評價 供應商名稱	評定級別 1(%)	評定級別 2(%)	評定級別 3(%)	評定級別 (%)	排序
供應商 A	50.0	27.2	16.00	93.2	2
供應商 B	46.8	30.0	18.9	95.7	1
供應商 C	42.1	28.7	16.9	87.7	3

　　透過上面的評價可以看出，在這三個供應商裏，供應商 B 的整體情況要好於供應商 A，而供應商 C 的整體情況相對較差。

3.成本比率法

成本比率法是將所有跟採購、收料有關的成本，與實際的採購金額作比較，品質成本比率與交貨成本比率的計算，則是以採購實際支付的成本除以採購金額。

舉例來說，原材料供應商 A、B 的報價單價為 5 元和 4 元，在過去一年中企業向供應商 A、B 的採購總金額分別為 250000 元和 280000 元。另外，從其他部門如收料、檢驗、生產、成本會計處得到相關的成本數據，可計算出各項成本比率。

表 9-14　交貨成本比率

成本比率分析＼供應商名稱	供應商 A	供應商 B
採購的交貨運送成本(元)	10500	12000
採購總金額(元)	250000	280000
交貨成本比率(line1/line2)(%)	4.2	4.3

表 9-15　品質成本比率

品質比率分析＼供應商名稱	供應商 A	供應商 B
採購的品質成本(元)	15100	15000
採購總金額(元)	250000	280000
品質成本比率(line1/line2)(%)	6.0	5.4

表 9-16　服務成本比率

項目	權重	供應商 A	供應商 B
現場服務的表現	30	40	30
研發能力	25	30	25
供應商地理位置	25	30	20
倉儲容量	20	15	15
服務比率總計(%)	100	115	90
對價格的影響(%)		-15	+10

表 9-17　總的成本比率

總的成本比率分析＼供應商名稱	供應商 A	供應商 B
交貨成本比率(%)	+4.2	+4.3
品質成本比率(%)	+6.0	+5.4
服務成本比率(%)	-15.0	+10.0
對報價的影響(%)	-4.8	+19.7

公式的應用：

(1＋總成本比率)×報價－調整後的報價。

供應商 A：[1＋(－0.048)]×5.00＝4.76(元)。

供應商 B：(1＋0.197)×4.00＝4.79(元)。

透過上面的成本比率法分析可以看出原材料供應商 A 要優於原材料供應商 B 的價格。

八、供應考核類別及要求

（一）月績效考核

1. 考核時間：每個財政月月結後的第一週。

2. 考核表格：「供應商月績效考核表」、「供應商績效記分卡」。

3. 考核項目及評估部門：

⑴供貨品質：由 IQC 負責。

⑵按時交貨：由 PMC 負責（考核按時交貨時要考慮「附加運費情況」）。

⑶成本因素：由採購負責。

⑷抱怨處理：由 sQE 負責。

4. 考核結果與等級劃分：

⑴91～1100 分：A 等級。　　⑵85～90 分：AB 等級。

⑶75～84 分：B 等級。　　⑷低於 74 分：低等級。

5. 考核及通知供應商步驟。

編制「供應商月績效考核表」→評估供應商績效（IQC→SQE→PMC→採購）→總經理簽字→編制月「供應商績效記分卡」→列印→蓋章叫將「供應商績效記分卡」通知供應商。

註：此過程必須在 10 個工作日內完成。步驟說明：

每個財政月月結後的第一個工作日，由 IQC 指定人員根據當月供應商來料情況，針對來料大於（或等於）5 批的供應商整理出「供應商月績效考核表」，按照（IQC→SQE→PMC→採購）順序分別對供應商的各個考核項目進行評分，經品管部和物流部以及採購部各部門經理共同審核後，呈總經理簽字認可。採購部安排指定人員根據認可的「供

應商月績效考核表」編制各個供應商的月「供應商績效記分卡」，列印後須加蓋企業印章再透過傳真或發郵件、快遞、打包的方式通知供應商。

（二）年度績效考核

1.考核時間：新財政年度的第三週。

2.考核表格：「供應商年度績效考核表」、「供應商績效記分卡」。

3.考核項目及評估部門：

⑴供貨品質：由 IQC 負責。

⑵按時交貨：由 PMC 負責（考核按時交貨時要考慮「附加運費情況」）。

⑶成本因素：由採購負責。

⑷抱怨處理：由 SQE 負責。

4.考核結果與等級劃分：

⑴91～100 分：A 等級。　⑵85～90 分：AB 等級。

⑶75～84 分：B 等級。　⑷低於 74 分：低等級。

5.考核及通知供應商步驟。

編制「供應商年度績效考核表」→品管部審核→物流部審核呷採購部審核→總經理簽字→編制「供應商績效記分卡」→列印→蓋章→將「供應商績效記分卡」通知供應商。

註：此過程必須在 10 個工作日內完成。

步驟說明：

新財政年度第三週的第一個工作日，由 IQC 指定人員根據上一財政年度的「供應商月績效考核表」，針對供貨大於（或等於）6 個月的供應商整理出「供應商年度績效考核表」，經品管部和物流部以及採

購部各部門經理共同審核後，呈總經理簽字認可。採購部安排指定人員根據認可的「供應商年度績效考核表」和認可的年度「供應商審核計劃」編制供應商的年度「供應商績效記分卡」，列印後須加蓋企業印章再透過傳真、發郵件、快遞、打包的方式通知供應商。

（三）定期績效考核

1.考核時間：依據「供應商審核計劃」的安排時間。

2.考核表格：「供應商(分包方)評估報告」。

3.考核項目：

⑴定期評估(必選項)：供貨品質、按時交貨、成本因素、抱怨處理。(考核按時交貨時要考慮「附加運費情況」)

⑵現場評估(可選項)。

4.定期評估考核準則與結論。

5.現場評估考核結果與結論：

⑴＞74 分：符合。　　⑵≤74 分：不符合。

6.定期績效考核成績：

⑴定期評估結論和現場評估結論均為「符合」或「合格」，最終評估結果為「合格」。

⑵定期評估結論和現場評估結論任一項出現「不符合」或「不合格」，最終評估結果為「不合格」。

7.考核及通知供應商步驟。

制訂「供應商審核計劃」→審核(品管部─採購部)→總經理簽字→副本提供給採購部→編制「供應商績效記分卡」→列印→蓋章→將「供應商績效記分卡」通知供應商→實施定期績效考核→審批「供應商(分包方)評估報告」→考核結果通知供應商→「供應商(分包方)

評估報告」存檔。

九、供應商考核制度

第 1 條　目的

1.保證供應商具有提供滿足本公司規定要求物料的能力,促使本公司產品的品質得到穩定的提高。

2.降低採購成本,提高產品競爭力。

第 2 條　適用範圍

為本企業提供產品或服務的所有供應商。

第 3 條　職責劃分

1.採購部:負責主持供應商管理考核及整個過程的協調工作。

2.技術部:負責供應商零件樣品的認證及對供應商技術能力的評估。

3.品質部:負責對供應商品質體系的審核及進料品質的檢驗、監督、考核。

4.總經理負責考核結果的審批。

**第 4 條　**採購部對供應商的考核內容主要包括價格、交貨、品質、服務 4 個方面。

1.價格方面,包括供應商是否按照不高於協定價格供貨,是否根據市場價的變化而調整價格,所提供的貨物價格是否高於市場上同品牌同型號原裝產品的普遍價格等內容。

2.交貨方面,包括供應商是否在承諾時間內提供貨物。

3.品質方面,包括供應商供應的貨物是否為原裝正規產品,是否完全符合協定規定的品質、規格和性能,是否存在因包裝、設計、技

術、材料或服務的缺陷而產生的故障。

4.服務方面，包括供應商售後服務是否及時、週到、良好。

第 5 條　月評估

月評估主要是對供應商提供的產品品質與交貨情況進行考核，並向供應商告知需要改善的項目。

第 6 條　年度評估

企業綜合考察供應商在考核年度內的總體表現(佔 80%)，如退貨率、預期率、貨物合格率等指標，並結合月考核的平均成績(佔 20%)，最終得出年度評估成績，年度考核結果歸入供應商檔案管理中。

第 7 條　本企業對供應商的考核主要分為如下圖所示步驟。

供應商考核流程

第 8 條　根據供應商的考核評分，將其依次劃分為 A、B、C、D、E 級。

供應商等級劃分及對應政策

考核得分	供應商類別	結果運用
90～100分	A類	列為優先採購
80～89分	B類	繼續合作，但要求供應商對不足之處予以改善
70～79分	C類	要求其對不足之處予以改善，根據改善後的結果決定是否對其進行採購、減少採購或是其他
60～69分	D類	暫停或減少對其的採購數量，並通知供應商提高供貨能力，改進供貨工作
60分以下	E類	對不合格供應商予以淘汰，若要再向本企業供貨，需通過供應商調查評估

第 9 條　總經理根據供應商年度考核結果給出供應商評審審批意見，採購部根據審批結果修訂「合格供應商名錄」並將相關資料予以歸檔。

十、供應商考核的評估細則

第一條　為使供應商的製品能與本公司密切配合，以達到共存共榮的目的，特制訂本細則。

第二條　本公司供應商的評價分為四大項目，即品質、交貨期、價格與協調性，其評價標準如下。

(1)品質（佔 40 分）。

品質分數＝{100－50×[（拒收批數×特殊批數）/送驗批數+（全部樣品不良總數/全部樣品總數）]}×40%

(2)交貨期（佔 40 分）。

交貨期分數＝[1－（∑延遲天數×3/∑採購交貨天數）]×40%

(3)價格（佔 10 分）。

一般供應商給予 6 分。

有時供應商所報的價格偏高或偏低，或買（賣）方市場中供應商抬高（降低）價格，本公司應酌情予以增減分數，其情形見下表。

價甚高	價稍高	價公平	價稍低	價甚低
4分	5分	6分	8分	10分

(4)協調性（佔 10 分）。

一般供應商給予 6 分。

有時因本公司種種情況發生，希望供應商與本公司密切配合，本公司依供應商與本公司密切配合的程度酌情予以增減分數，其情形見下表。

價甚高	價稍高	價公平	價稍低	價甚低
4分	5分	6分	8分	10分

第三條　根據上述評價標準，計算供應商所獲得的分數，評定等級見下表。

分數	等級
85分以上	甲等
75～84.9分	乙等
65～74.9分	丙等
64.9分以下	丁等

第四條　供應商等級的獎懲規定，見下表。

等級	獎懲辦法	供應商往來政策
甲等	支票票期為1個月（票期縮短為1個月）	增加10%的訂貨
乙等	支票票期為2個月（票期正常）	正常往來
丙等	支票票期為3個月（票期延長1個月）	減少10%的訂貨加強輔導
丁等	支票票期為4個月（票期延長2個月）	大量減少訂貨（20%以上）設法開發新供應商取而代之

第五條　本公司對供應商的評價每 3 個月進行一次。即 1～3 月的供應商評價於 4 月 8 日前完成；4～6 月的供應商評價於 7 月 8 日前完成；7～9 月的供應商評價於 10 月 8 日前完成；10～12 月的供應商評價於翌年 1 月 8 日前完成。

第六條　每年的 4 月、7 月、10 月和翌年的 1 月進行供應商評價時，由物料部製表，對供應商交貨期部份加以評分後，當月 5 日前交品管部，由品管部對供應商品質部份加以評分後，9 日前交採購部，由採購部對供應商價格與協調性部份加以評分後，計算總成績並評定

供應商評價等級。評價於 12 日前完成，經總經理核實蓋章後，一聯
由採購部自存，一聯送品管部，一聯送物料部，一聯送會計部作為付
款參考。

十一、供應商評估細則

第 1 條　為使供應商的製品能與本公司密切配合，以達到共存共
榮的目的，特制訂本細則。

第 2 條　本公司供應商的評價分為四大項目，即品質、交貨期、
價格與協調性，其評價標準如下。

⑴品質(佔 40 分)。

品質分數＝{100－50×[(拒收批數×特殊批數)/送驗批數＋(全
部樣品不良總數/全部樣品總數)]}×40%

⑵交貨期(佔 40 分)。

交貨期分數＝[1－(∑延遲天數×3/∑採購交貨天數)]×40%

⑶價格(佔 10 分)。

一般供應商給予 6 分。

有時供應商所報的價格偏高或偏低，或買(賣)方市場中供應商抬
高(降低)價格，本公司應酌情予以增減分數，其情形見下表。

價甚高	價稍高	價公平	價稍低	價甚低
4分	5分	6分	8分	10分

⑷協調性(佔 10 分)。

一般供應商給予 6 分。

有時因本公司種種情況發生，希望供應商與本公司密切配合，本

公司依供應商與本公司密切配合的程度酌情予以增減分數，其情形見下表。

價甚高	價稍高	價公平	價稍低	價甚低
4分	5分	6分	8分	10分

第 3 條　根據上述評價標準，計算供應商所獲得的分數，評定等級見下表。

分數	等級
85分以上	甲等
75～84.9分	乙等
65～74.9分	丙等
64.9分以下	丁等

第 4 條　供應商等級的獎懲規定，見下表。

等級	獎懲辦法	供應商往來政策
甲等	支票票期為1個月（票期縮短為1個月）	增加10%的訂貨
乙等	支票票期為2個月（票期正常）	正常往來
丙等	支票票期為3個月（票期延長1個月）	減少10%的訂貨加強輔導
丁等	支票票期為4個月（票期延長2個月）	大量減少訂貨（20%以上）設法開發新供應商取而代之

第 5 條　本公司對供應商的評價每 3 個月進行一次。即 1～3 月的供應商評價於 4 月 8 日前完成；4～6 月的供應商評價於 7 月 8 日前完成；7～9 月的供應商評價於 10 月 8 日前完成；10～12 月的供

應商評價於翌年 1 月 8 日前完成。

第 6 條　每年的 4 月、7 月、10 月和翌年的 1 月進行供應商評價時，由物料部製表，對供應商交貨期部份加以評分後，當月 5 日前交品管部，由品管部對供應商品質部份加以評分後，9 日前交採購部，由採購部對供應商價格與協調性部份加以評分後，計算總成績並評定供應商評價等級。評價於 12 日前完成，經總經理核實蓋章後，一聯由採購部自存，一聯送品管部，一聯送物料部，一聯送會計部作為付款參考。

第 7 條　本辦法經核准後實施。

十二、供應廠商獎懲辦法

（一）目的

為對供應商的過失扣點和獎勵加分情況做一明確的說明，以使供應廠商獎懲有標準可循，特制定本辦法。

（二）適用範圍

適用於本公司除辦公文具以外的所有物品的供應商。

（三）管理細則

1. 過失扣點

過失扣點如下表所示。

過失情況	點數
1. 逾期交貨 20 天以上而未滿 35 天者	−1
2. 交貨品質與規格不符，曾有 1 次退貨情況者	−1
3. 因品質上的差異，減價收貨在合約價格 1%以上而未滿 2%者	−1
4. 驗收合格收貨後，在保證期間內，如發現貨品變質或品質不符，其數量在合約總數 1%以上而未滿 2%，供應商願負責調換合格品者	−1
5. 逾期交貨 35 天以上而未滿 50 天者	
6. 交貨品質與規格不符，曾有 2 次退貨情況者	−2
7. 因品質上的差異、減價收貨在合約價格 2%以上而未滿 4%者	−2
8. 訂約後部份欠交，解約重購願負責賠償差價者，無差價或停購者亦同	−2
9. 驗收合格收貨後，在保證期間內，如發現貨品變質或品質不符，其數量在合約總數 2%以上而未滿 4%，供應商願負責調換合格者	−2
10. 逾期交貨 50 天以上而未滿 70 天者	−2
11. 因品質上的差異，減價收貨在合約價格 4%以上而未滿 6%者	
12. 驗收合格收貨後，在保證期間內，如發現貨品變質或品質不符，其數量在合約總數 4%以上而未滿 6%，供應商願負責調換合格品者	−3
13. 逾期交貨 70 天以上而未滿 100 天者	−3
14. 因品質上的差異，減價收貨在合約價格 6%以上而未滿 10%者	−3
15. 交貨後檢驗不合格，解約重購願負責賠償差價者，無差價或停購者亦同	
16. 驗收合格收貨後，在保證期間內，如發現貨品變質或品質不符，其	−4

數量在合約總數 6%以上而未滿 1%，供應商願負責調換合格品者	－4
17. 逾期交貨 100 天以上而未滿 150 天者	－4
18. 因品質仁的差異，減價收貨在合約價格 10%以上而未滿 15%者	
19. 驗收合格收貨後，在保證期間內，如發現貨品變質或品質不符，其	－4
數量在合約總數 10%以上而未滿 15%，供應商願負責調換合格品者	
20. 逾期交貨 150 天以上者	
21. 因品質上的差異，減價收貨在合約價格 15%以上而未滿 20%者	－5
22. 驗收合格收貨後，在保證期間內，如發現貨品變質或品質不符，其	－5
數量在合約總數 15%以上而未滿 20%，供應商願負責調換合格品者	－5
23. 廠商經通知比(議)價，無故不參加者	
24. 其他	
	－6
	－6
	－6
	－6

2.定期停權

定期停權所對應的情況與停權期限如下表所示。

定期停權	停權期限
1.供應商在兩年內或自最後停權處分後（以較近違約日期者為準）其過失點累計達 36 點（含）以上者	6 個月
2.因品質上的差異，減價收貨在合約價格 20%以上者	6 個月
3.合約中規定主件不得轉包，而得標訂約後轉包他人承製圖利者	6 個月
4.驗收合格收貨後，在保證期間內，如發現貨品變質或品質不符，其數量在合約總數 20%以上者	6 個月
5.得標後拒不簽約者	
6.訂約後全部不交，解約重購願負責賠償差價者，無差價或停購者亦同	1 年 1 年
7.交貨短缺的零配件有影響整體使用者	
8.簽約後僅部份交貨，其未交貨部份不願賠償重購差價者	1 年
9.逾期 50 天以上未交貨而解約重購不願賠償差價者	3 年
10.交貨後發現品質不符或偷工減料或變質損壞，在保證有效期間內不予調換或修妥者	3 年 3 年
11.訂約後全部不交貨，亦不願賠償重購差價者	
12.供應商對該購案承辦或有關人員，有饋贈行為經查證屬實者	5 年
13.其他	5 年

3.永久停權

以下情況將對供應商進行永久停權。

⑴賄賂、侵佔、詐欺、背信等不法行為經判處徒刑確定者。

⑵受定期停權處分執行完畢複權後 2 年之內，承標購案再犯有定期停權處分者。

⑶故意偽造品質不良者，情節重大鑑定審查屬實者。

⑷供應商違約造成買方重大權益損失者。

⑸投標廠商有操縱壟斷、串通圖示等不法行為，經查證有顯著事實者。

⑹其他。

4.廠商獎勵

廠商獎勵加點計分情況如下表所示。

廠商獎勵	加點
1.履約實績金額達到一定金額 50%者，記續優點 1 點	
2.履約實績金額達到一定金額者，記續優點 2 點	+1
3.履約實績金額，每遞增達一定金額 50%者，每遞增記續優點 1 點，餘類推	+2

十三、供應商績效考核後的處理

供應商績效考核只是一種手段，而並非目的。完成對供應商的績效考核工作之後，供應商管理部門還應依據供應商績效考核的結果，對供應商進行後續處理：對供應商進行分層分級、獎懲激勵供應商、協助供應商改善績效。只有這樣，才能達成供應商績效考核的目標。

供應商分級管理，是指按績效考核結果，將供應類別的供應商進行等級劃分，並據之及時改進企業與供應商的合作策略，解決市場變化帶來的問題，避免損失及規避風險。

對供應商實行評分分級制度，滿分為 100 分，下表為供應商的等級劃分。

供應商等級劃分

計分項目	得分	評價
品質狀況 交付情況 服務品質 價格水準	$100 \sim 90$	一級供應商，優秀供應商，應繼續加強與之合作關係，實現雙贏
	$89 \sim 80$	二級供應商，合格供應商，應逐步改進、優化合作關係，向一級供應商方向發展而努力
	$79 \sim 70$	三級供應商，需要進一步培訓與輔導或減量、暫停採購
	69 分以下	不合格供應商，督促其改善，並視情況調整與其合作策略

　　對不同等級供應商應採取不同的管理措施。對於不合格供應商，若其為壟斷性質供應商，企業應改善與供應商之間的關係，使之向二級或一級供應商轉變；若其為非壟斷性質供應商，則應根據其合作情況有無改善決定淘汰與否，並積極引入其他供應商。企業的分級管理，可以每隔 6 個月進行一次，對供應商級別進行調整。

第 *10* 章

供應商績效考核後的扶持管理

　　對供應商的扶持，是指因供應商品質不夠好，為使企業本身能夠在較長時期內降低成本和提升品質，對品質和價格相對較低的中小型供應商採取一定的扶持，同時也為供應商管理和品質帶來提升，是一舉兩得的措施。要做好這項工作，在短期內需要投入一定的人力和財力。做供應商扶持的企業，通常是大中型企業，能在較長時間內降低材料成本。

　　在現代企業關係中，不管是下游的客戶還是上游的供應商，都是企業合作夥伴，都與企業有直接或間接的關係。供應商的品質狀況會直接影響到企業產品品質、成本、效率、形象等，所以每一個企業都希望供應商提供高品質的原材料。但在實際營運中，企業為了降低成本而經常採用品質一般或品質較差的原材料，導致成本與品質的矛盾，因此實行供應商扶持計劃是有必要的。

　　供應商績效考核只是一種手段，而不是目的，一旦完成對供應商的績效考核工作之後，供應商管理部門還應依據供應商績效考核的結

果，對供應商進行後續處理：對供應商進行分層分級、獎懲激勵供應商、協助供應商改善績效等。

　　要保持長期的雙贏關係，對供應商的激勵是非常重要的，沒有有效的激勵機制，就不可能維持良好的供應關係。在激勵機制的設計上，要體現公平、一致的原則。

一、供應商的激勵機制

　　為了保證供應商使用期間日常物資供應工作的正常進行，需採取一系列的措施對供應商進行激勵和控制。對供應商的激勵與控制應當注意以下一些方面的工作。

1. 逐漸建立起一種穩定可靠的關係

　　企業應當與供應商簽訂較長時間的業務合約，如 1～3 年。時間不宜太短，太短了讓供應商不完全放心，不可能全心全意為做好企業的物資供應工作而傾注全力。特別是當業務量大時，供應商會把企業看作是他自己生存和發展的依靠和希望，這就會更加激勵他努力與企業合作。隨著企業的發展，他自己也得到發展，企業倒閉他自己也跟著關門，形成一種休戚與共的關係。

2. 與供應商建立相互信任的關係

　　建立信任關係包括在很多方面，例如：對信譽好的供應商的產品進行有針對性的免檢，顯示出企業對供應商的高度信任；或不定期召開供需雙方高層的碰頭會，交換意見，研究問題，協調工作，甚至開展一些互助合作。特別對涉及企業之間的一些共同的業務、利益等有關問題，一定要開誠佈公，把問題談透、談清楚。供需雙方彼此之間需要樹立起「共贏」的業務，一定要兼顧供應商的利益，盡可能讓供

應商有利可圖，只有這樣，雙方才能真正建立起比較協調可靠的信任關係。

3.建立相應的監督控制措施

在建立起雙方信任關係的基礎上，也要建立起比較得力的、相應的監督控制措施。尤其是一旦供應商出現了一些問題，或者出現一些可能發生問題的苗頭之後，企業一定要建立起相應的監督控制措施。根據情況的不同，可以採用派常駐代表、定期或不定期到工廠進行監督檢查、對供應商進行輔導。

二、考核後的供應商關係分類管理

根據供應商的綜合考核得分對供應商進行級別劃分，解決市場變化帶來的問題，避免損失及規避風險。

表 10-1　供應商等級劃分

計分項目	得分	評價
品質狀況 交付情況 服務品質 價格水準	100～90	一級供應商，優秀供應商，應繼續加強與之合作關係，實現雙贏
	89～80	二級供應商，合格供應商，應逐步改進、優化合作關係，向一級供應商方向發展而努力
	79～70	三級供應商，需要進一步培訓與輔導或減量、暫停採購
	69 分以下	不合格供應商，督促其改善，並視情況調整與其合作策略

圖 10-1　供應商分類評估的內容

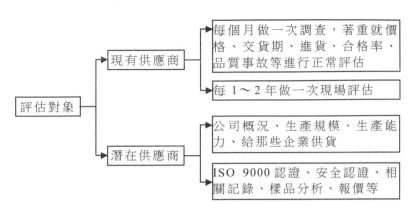

供應商分級管理，是指按績效考核結果，將供應類別的供應商進行等級劃分，並據之及時改進企業與供應商的合作策略，解決市場變化帶來的問題，避免損失及規避風險。

對不同等級供應商應採取不同的管理措施。對於不合格供應商，若其為壟斷性質供應商，企業應改善與供應商之間的關係，使之向二級或一級供應商轉變；若其為非壟斷性質供應商，則應根據其合作情況有無改善決定淘汰與否，並積極引入其他供應商。企業的分級管理，可以每隔 6 個月進行一次，對供應商級別進行調整。

⑴合格的供應商。滿意的(或有預備資格的)供應商是指已經達到採購商的篩選、評價和選擇過程要求的供應商。

⑵可信任的供應商。可信任的供應商是指那些已經令採購公司滿意地完成了試訂單交貨，從而比「被認可的供應商」更讓公司信任的供應商。換句話說，就是已經在實踐中證明了其能力和積極性的供應商。

⑶優選供應商，是指比「合格的」和「可信任的」供應商更讓公

司滿意的供應商。根據以往績效，它們已經顯示出了始終如一地按照公司在品質、交貨、價格和服務等方面提供供應服務的能力。同時，能夠積極地應對公司的意外要求，在處理服務方面的效率很高，能夠主動提出更好的解決方案。

⑷認證供應商，是指為了建立一個更全面的多公司品質管理體系，其整個公司的品質控制體系已經與採購公司的品質管理體系合為一體的供應商。這種方法透過確保使用標準品質控制程度和信息源，可以幫助公司降低與品質相關的成本。

⑸喪失資格的供應商，是指無法滿足採購公司在供應商評估過程中制定的標準的供應商，或者沒有履行以往合約的供應商。取消供應商資格的主要標準，在於供應商缺乏能力或缺乏按照公司要求執行供應任務的意願。當公司發現供應商有違法或違反職業道德的行為，或違反了公司制定的政策的時候，這些供應商也會被列入黑名單中。

三、有效激勵供應商

對供應商實施有效的激勵，有利於增強供應商之間的適度競爭。保持供應商之間的適度競爭，保持對供應商的動態管理，提高供應商的服務水準，可降低企業採購的風險。

1. 供應商激勵標準

激勵標準是對供應商實施激勵的依據，制定對供應商的激勵標準需要考慮以下因素：

⑴企業採購物資的種類、數量、採購頻率、採購政策、貨款的結算政策等。

⑵供應商的供貨能力，可以提供的物品種類、數量。

⑶供應商所屬行業的進入壁壘。

⑷供應商的需求，重點是現階段供應商最迫切的需求。

⑸競爭對手的採購政策、採購規模。

⑹是否有替代品。

考慮上述因素的主要目的，是針對不同的供應商為其提供量身定做的激勵方案，以達到良好的激勵效果。

2.激勵的方式

按照實施激勵的手段不同，可以把激勵分為兩大類：正激勵和負激勵。所謂正激勵，就是根據供應商的績效考核結果，向供應商提供的獎勵性激勵，目的是使供應商受到這樣的激勵後，能夠「百尺竿頭，更進一步」。負激勵則是對績效考核較差的供應商提供的懲罰性激勵，目的是使其「痛定思痛」，或者將該供應商清除出去。

⑴正激勵

常見的正激勵有以下七種表現形式：

①延長合作期限。把企業與供應商的合作期限延長，可以增強供應商業務的穩定性，降低其經營風險。

②增加合作比率。增加採購物品的數量，可以提高供應商的營業額，提高其獲利能力。

③增加物品類別。增加合作的物品種類，可以使供應商一次性送貨的成本降低。

④供應商級別提升。能夠增強供應商的美譽度和市場影響力，增加其市場競爭力。

⑤書面表揚。能夠增強供應商的美譽度和市場影響力。

⑥頒發證書或錦旗.為供應商頒發優秀合作證書或者錦旗，有助於提升其美譽度。

⑦現金或實物獎勵。

表 10-2　供應商的激勵措施及適用對象

激勵措施	說明	適用對象
延長合作期限	把與供應商的合作期限延長,可以增強供應商業務的穩定性,降低其經營風險	適用於合作期限較短的供應商
增加合作比率	增加訂單數額,可以提高供應商的營業額,提高其獲利能力	適用於具備更大產能、急於擴大營業額的供應商
增加物品類別	增加合作的物品種類,可以使供應商一次性送貨的成本降低	適用於增加物品種類有利於降低其成本的供應商
供應商級別提升	增加供應商的美譽度和市場影響力,增加其市場競爭力	適用於尚未達到戰略合作夥伴級別的供應商
書面表揚	增強供應商的美譽度和市場影響力	適用於對榮譽較為看重的供應商
頒發證書或錦旗	提升供應商的美譽度	適用於對榮譽較為看重的供應商
現金或實物獎勵	向供應商頒獎(獎金、獎品),這種獎勵更能起激勵作用	適用於對企業作出重大貢獻或特殊貢獻的供應商

(2)負激勵

常見的負激勵也有七種表現形式:

①縮短合作期限。即單方面強行縮短合作期限。

②減少合作比率。

③減少採購的物品種類。

④業務扣款。

⑤降低供應商級別。

⑥依照法定程序對供應商提起訴訟。用法律手段解決爭議或提出賠償要求。

⑦淘汰。即終止與供應商的合作。

3.激勵方式的選擇

在對供應商績效考核的基礎上，按照得分多少將供應商分級。對於同類供應商，按照數量的多少，選擇排名第一名至第三名的給予正激勵，排名倒數第一名至倒數第三名的給予負激勵（一般被激勵的供應商不超過同類供應商總數的 30%）。

4.激勵時機的確定

對供應商的激勵一般在對供應商績效進行一次或多次考核之後，以考核結論為實施依據。當然，在下列情況也可實施激勵：

⑴市場上同類供應商的競爭較為激烈，而現有供應商的績效不見提升時。

⑵供應商之間缺乏競爭，物品供應相對穩定時。

⑶供應商缺乏危機感時。

⑷供應商對採購方利益缺乏高度關注時。

⑸供應商業績有明顯提高，對採購方效益增長貢獻顯著時。

⑹供應商的行為對採購方利益有損害時。

⑺按照合約規定，採購方利益將受到影響時。

⑻出現糾紛時。

⑼需要提升供應商級別時。

⑽其他需要對供應商實施激勵的情況。

需要特別注意的是，在對供應商實施負激勵之前，要查看該供應

商是否有款項尚未結清，是否存在法律上的風險，是否會對採購方企業的生產經營造成重大影響，以避免因激勵而給企業帶來麻煩。

5.激勵的確定與實施

激勵由企業的供應商管理部門根據供應商績效考核結果提出，由部門經理審核，報分管副總經理批准（涉及法律程序和現金及實物獎罰、證書和錦旗的激勵報企業總經理審批）後實施。

實施對供應商的激勵之後，要高度關注供應商的行為，尤其是受到負激勵的供應商，觀察他們實施激勵前後的變化，作為評價和改進供應商激勵方案的依據，以防出現各種對企業不利的問題。

對於供應商激勵方面的事務處理，應制定相關的制度來規範管理。

四、協助供應商改善績效

在現代企業關係中，不管是下游的客戶還是上游的供應商，都是企業合作夥伴，都與企業有直接或間接的關係。供應商的品質狀況會直接影響到企業產品品質、成本、效率、形象等，所以每一個企業都希望供應商提供高品質的原材料。

對供應商的扶持，是指因供應商品質不夠好，為使企業本身能夠在較長時期內降低成本和提升品質，對品質和價格相對較低的中小型供應商採取一定的扶持，同時也為供應商管理和品質帶來提升，是一舉兩得的措施。要做好這項工作，在短期內需要投入一定的人力和財力。做供應商扶持的企業，通常是大中型企業，能在較長時間內降低材料成本。

對於績效考核成績欠佳卻又基於價格或其他原因不便淘汰的供

應商，採購方有必要採取措施協助供應商改善績效，協助供應商建立起一套有效的品質控制系統。

1. 協助供應商瞭解檢驗產品的要求

當供應商接受採購訂單時，如果對產品的要求都瞭解不清楚，則可以想像其產品品質會如何。而解釋對產品的要求是採購方的責任。產品的要求可能是清晰的，也可能是暗含的，或是兩者都有。清晰的要求很容易在採購方提供的圖紙、規格、檢驗程序、技術說明及報價要求中找到，而暗含的要求則由於未定義很難查找出來。所以，供應商在這方面常出錯。採購方有必要指導他們瞭解檢驗產品的要求。如：

⑴檢驗應明確要求從採購方企業提供的報價要求開始，通常它都提供由數字或一些描述作為建立詳細要求的基礎，最重要部份則是企業產品圖紙和規格；同樣，技術描述和規格也很重要。

⑵供應商必須檢查圖紙的公差要求和可能影響裝配的組合，還必須檢查確定基礎表面和基線是否定義清楚並與技術過程相適應。必要時，供應商應就改變尺寸基準方法和公差以及改善清晰度提出建議。供應商必須肯定對材料的要求及其物理特性(如硬度、光潔度和傳導性)全面瞭解。

⑶供應商應分析規格要求以確定產品是否按功能規格生產，或者按尺寸和材料生產有功能方面的參考。

⑷供應商必須確定為了證明與規格相符合的企業測試要求。如果企業提供測試設備或儀器，供應商應檢查操作程序、校正方法。

⑸供應商應認真閱讀報價要求中關於標誌、包裝、運輸、特殊品質要求以及交付時間方面的條款。這時供應商應能夠確定是否有能力履行這份合約。如果是由供應商提供某項服務，應檢查是否有矛盾或不完整的要求，以及確定達到要求的方法。

2.協助供應商實現產品要求

當供應商接受採購訂單時，如果其對產品的要求都不清楚，那麼其產品品質很難達標。而解釋對產品的要求是採購方的責任。採購方應向供應商清晰地解讀圖紙、規格、檢驗程序、技術說明及報價要求，指導供應商實現產品要求。

表 10-3　供應商瞭解產品要求的途徑

途徑	相關說明
產品圖紙和規格	供應商必須檢查圖紙的公差要求和可能影響裝配的組合，還必須檢查確定基礎表面和基線是否定義清楚並與技術過程相適應。必要時，供應商應就改變尺寸基準方法和公差以及改善清晰度提出建議。供應商必須對材料的要求及其物理特性（如硬度、光潔度和傳導性）有全面瞭解
技術規格	供應商應分析產品的技術規格，以確定產品是否按功能規格要求進行生產
測試要求	供應商必須確定為了證明與規格相符合的企業測試要求。如果企業提供測試設備或儀器，供應商應檢查操作程序、校正方法

如果供應商在瞭解了基本需求後，仍因能力欠缺而不能滿足產品要求，企業可酌情提供技術指導及其他方法上的幫助。

3.協助供應商建立記錄和跟蹤系統

採購方企業應協助供應商將客觀品質證據（用來向客戶證明產品是按照規格生產和檢測的一系列證明品質的資料）列入其管理體系。在某些情況下，客觀品質證據是管理部門為產品的銷售和使用頒發許可證的基礎。在產品責任事件中，客觀品質證據可以是證明產品滿足所有材料和設計標準的基礎。

一般來說，證明品質的資料應包括：

⑴原始的或真實的測試數據報告的影本。它應指明測試所對應的規格、方法以及獲得的實際檢測結果。

⑵進行檢測的活動或實驗室的標誌、日期和實驗室管理編號；檢測報告必須由檢測實驗室的管理者簽字。

⑶材料上必須印有可以追蹤到採購訂單編號、批次、熱處理、批量的文檔或跟蹤編號。通常，製造者完成的原始分析和測試報告被作為證明接收；但是如果任何後續工序會改變材料的性質（如熱處理、鍛造、冷加工、時效處理），將需要進行另外的代表完成狀態的測試。

供應商應對發送給採購方的產品品質負責，因此也需要對從供應商和分銷商採購的製造產品的材料和零件的品質負責。供應商要保證他們購買的產品使用時安全並達到期望值，並有確鑿的記錄證明，客觀品質證據的作業就在於此，它可以確保產品從開始生產到加工的每個階段直至最終的銷售都被全程跟蹤。

4.懲罰供應商的措施

懲罰供應商屬於負激勵，一般用於業績不佳的供應商。其目的在於提高供應商的積極性，改進合作效果，維護企業利益不受損失。一般而言，有以下幾種懲罰措施可供參考。

⑴供應商品質不良或交期延遲所致損失，由供應商負賠償責任。

⑵考核成績連續 3 個月評定為 3 級以下者，接受訂單減量、各項稽查及改善輔導措施。

⑶考核成績連續 3 個月評定為 4 級，且未在限期內改善，停止交易。

獎罰激勵由企業的供應商管理部門根據績效考核結果提出，由部門經理審核，報分管副總經理批准後實施。實施對供應商的獎懲激勵

後，要高度關注其行為，尤其是受到懲罰前後的變化，作為評價和改進供應商激勵方案的依據，以防止出現對企業不利的問題。

五、供應商輔導管理辦法

（一）目的

為積極培育供應商成為本公司堅強的後盾，以提高經營合理化水準，特制定本辦法。

（二）適用範圍

凡本公司供應商輔導管理，悉依照本辦法的規定管理。

（三）調查作業程序

1.供應商調查

⑴實施採購前應作供應商調查，並填具「供應商調查表」，其目的是為了瞭解供應商的制程能力與品管功能，以初步確定其是否有能力供應符合本公司所要求品質水準的材料。

⑵調查資料經生產技術、採購、品管、生產管理四個部門會簽意見後，呈總經理批准，才能成為本公司的供應商。

⑶未經供應商調查認可的廠商，須經總經理特准，才可以採購。

2.供應商評核

評核的結果，由各評核部門彙集成建議，提供總經理核定作為是否准予其成為本公司供應商的依據。

3.價格評估

對於供應商所供應材料的價格，由本公司採購部依供應商下列因

素做出評核：

⑴材料價格。

⑵加工費。

⑶估價方法。

4.技術評核

對於供應商的生產技術，由本公司生產技術部依供應商的下列因素做出評核：

⑴技術水準。

⑵技術潛力。

5.品質評核

對於供應商的品質評核，由本公司的品管部依供應商的下列因素做出評核：

⑴進料品管。

⑵制程品管。

⑶成品品管制度執行能力、效果。

6.生產管理評核

對於供應商的生產管理評核，由本公司的生產管理部，依供應商的下列因素做出評核：

⑴生產計劃。

⑵進度控制。

⑶交貨控制。

7.供應商覆查

⑴經調查認可的合格供應商，原則上每年覆查一次。

⑵若供應商的交貨品質或日期有變更時，應隨機覆查，其目的是協助供應商加強商品管理制度，以解決品質問題。

8.供應商意見調查

⑴經調查認可的合格供應商，原則上每季意見調查一次。

⑵調查意見由採購部門製作成季報，呈主管核示後交相關部門配合改善。

（四）評價作業

1.評價分等

供應商的評價，每月依「供應商等級評核表」評核一次。

⑴優良（A 等）：90.1～100 分。

⑵好（B 等）：80.1～90 分。

⑶平（C 等）：70.1～80 分。

⑷不甚好（D 等）：60.1～70 分。

⑸不合格（E 等）：60 分以下。

2.輔導方式

⑴交貨品質列為 B 等的廠商，進料品管將依各廠商交貨的主要品質缺點，以書面或電話的形式促其改善。

⑵交貨品質列為 C 等以下的廠商，由進料品管依其近三個月交貨評核及評等偏低原因，作改善或淘汰的建議，並協助其改善。

3.評價項目

供應商交貨實績評估項目及評分範圍如下：

⑴品質評分：40 分。

⑵包裝評分：10 分。

⑶交貨期準確性：25 分。

⑷價格評分：10 分。

⑸售後服務：15 分。

4.評分方法

評分方法如下：

⑴品質。依據進料驗收時，交貨不良率評估：

評比結果＝$100-50\times$（不合格批數/全部檢驗批數＋全部不良樣品數/全部樣品數）

註：不合格批數包括特認批數。

⑵包裝。

①依據本公司規定的包裝標準及貨品保護情形酌情評分。

②包裝、外箱須標示數量、機種、品名、顏色、重量等。

⑶交貨期。

以本公司發出的訂單規定的交貨日為準予以評分，評分方式如下：

①如期交貨得 25 分。

②延遲交貨 1～2 日得 20 分。

③延遲交貨 3～4 日得 10 分。

④延遲交貨 5～6 日得 5 分。

⑤延遲交貨 7 日以上得 0 分。

⑷價格。

依據供應商的價格水準與估價行動予以評分，評分方式如下：

①價格水準。

‧ 價格公平合理：6～7 分。

‧ 價格稍為偏高：4～5 分。

‧ 經常要求調價：1～3 分。

‧ 以不承制相逼：0 分。

②估價行動。

· 行動迅速、價格合理：3 分。

· 行動緩慢、價格合理：2 分。

· 行動緩慢、價格偏高：1 分。

· 置之不理：0 分。

⑸服務。

依據交換品更換行動及投訴處理予以評分，評分方式如下：

①交換品交換行動。

· 按期更換：8 分。

· 偶爾拖延：5～7 分。

· 經常拖延：1～4 分。

· 置之不理：0 分。

②投訴處理。

· 誠意改善：7 分。

· 尚能誠意改善：4～6 分。

· 改善誠意不足：1～3 分。

· 置之不理：0 分。

5.評等處理

「供應商等級評核表」每月由品管部製作，於次月 5 日前呈報製造部經理，並按評定等級作獎懲處理。

⑴成績達 90 分(優良)以上的廠商，本公司給予短期期票或現期支票支付貨款，以資鼓勵。

⑵未達 80 分(平)的廠商，由採購部人員提醒其注意並要求改善。

⑶未達 70 分(不甚好)的廠商，由採購部人員考慮更換廠商。

⑷未達 70 分(不甚好)而無法更換的廠商，應將同性質廠商相互比較，擇其優者協助其改善。

⑸60 分（不合格）以下者，除名，不再向其採購。

六、供應商扶持計劃的啟動流程

對供應商的扶持，是指因供應商品質不夠好，為使企業本身能夠在較長時期內降低成本和提升品質，對品質和價格相對較低的中小型供應商採取一定的扶持，同時也為供應商管理和品質帶來提升，是一舉兩得的措施。要做好這項工作，在短期內需要投入一定的人力和財力。做供應商扶持的企業，通常是大中型企業，能在較長時間內降低材料成本。

由企業採購部門主管根據現已合作的供應商，從中選出合適的供應商，制定合適的可行性方案交由高層主管核准，成立供應商扶持項目小組；會同各個部門探討、瞭解入選供應商的各種情況，進一步篩選供應商；之後與篩選下來的供應商一起開會討論，得出最後扶持供應商名單，再制訂扶持計劃，由高層主管核准。

1.供應商基本資料查詢

品管部人員從所有供應商名單中選出一些可以長期供貨，品質為中下檔次，但又一直供貨的供應商。通常由品管部主管指定 1～2 名工程師，從供應商基本數據庫、交貨記錄、交貨品質記錄中查詢。

2.選定規模適中，且價格偏低的供應商

工程師查詢好供應商清單及資料，交由品管部主管以自身的經驗作一次初步的選擇。

3.制定可行性方案

品管部主管選擇所需扶持的供應商之後，由自己或交由品管工程師做一份「供應商扶持可行性方案」。其內容包括原材料使用狀況、

對應各供應商的品質和配合狀況、所選供應商的潛力、扶持可帶來的直接影響、需要的資源。

4.交由高層主管審核

供應商扶持計劃需要有高層主管的支援，透過他的支持獲得必要的人力、物力、財力等資源。高層主管的審核通常還需要對供應商成本潛力和自身企業成本潛力作分析，以判定是否需要對供應商扶持。

5.成立供應商扶持項目小組

在經高層主管核准的基礎上組建一個跨部門的小組，組建小組需要高層主管出席首次組建會議。該小組成員由品管部、工程部的工程師、採購或資材部等相關人員組成，通常由品管部主管或特定專員任小組組長。

6.小組會同其他品管和採購開會

成立扶持小組後，同其他部份品管和採購人員共同探討初步選定的供應商背景及狀況，以便所選定的供應商具備可扶持性，判斷該供應商是否具有品質提升的潛力等。

7.篩選供應商

要確定最終需要扶持的供應商，此時篩選的條件會比品管部主管單純的經驗判定更具準確性和可操作性，著眼點放在如供應商是否對本企業有足夠的重視，是否具有潛力。

8.制訂具體扶持初步目標與計劃

在經過篩選後，由扶持小組制訂相應的目標與計劃。目標通常指供應商在供應商評分名單中各個項目的評分提升目標，內容通常包括：批次交貨品質、品質管理體系、成本、效率、品質投訴或抱怨處理、品質回饋處理等，甚至還可能包括供應商交貨價格的降幅。計劃通常包括：時間與目標的達成效果、採用的方式方法及工具、各供應

商具體負責人，甚至還需要制定相應的獎罰機制。

9.邀請供應商來開會

透過採購部門聯繫人選供應商，要求他們在同一時間共同開會討論，並向他們宣佈目標與要求，同時要求供應商配合。會議由扶持小組組長主導，高層主管出席.

10.最後選定供應商

透過召開供應商扶持會議，根據供應商的表現確定最後的扶持對象。此時需要選定 3～4 家以上，其中還必須有 1 家以上非常有潛力的供應商，如若僅有 1～22 家，就可以解散扶持小組，改由 1～2 名品管部門人員直接做。

11.到供應商處實地瞭解情況

對最後選定的供應商，扶持小組主要成員應到每個供應商處做實地調查以瞭解情況，從而制訂出每個供應商的具體扶持計劃。

12.制定具體扶持方案，並由高層核准

對各供應商瞭解清楚之後，由扶持小組成員共同制訂出供應商的扶持計劃，最後形成一份完整的供應商扶持方案。

13.具體執行扶持計劃

根據已制定的每一個供應商的扶持方案具體去落實和執行，通常由品管部門人員負責執行。在實際執行過程中，對各階段進展情況需要召開扶持小組會議通報。

七、供應商考核與獎勵細則

（一）目的

激勵供應商在品質、交貨期與成本方面的改善意願，以提高其經

營績效與競爭力,也可作為公司考核與獎勵的依據。

(二) 適用範圍

1.本辦法適用於對產品或服務品質有直接影響的供應商與外包商。

2.依採購物料的品質需求與廠商的依賴程度而選擇廠商考核。

(三) 考核標準與項目

可分為月評價與年評價兩種。

1. 月評價：總分 100 分。

⑴品質 50 分。

a. 進料不良率　　　　　　　20 分

b. 生產現場不良率　　　　　10 分

c. 出貨檢查正確率　　　　　10 分

d. 預防品質協調率　　　　　 5 分

e. 整潔度　　　　　　　　　 5 分

⑵交貨期 35 分──以誤期率評價。

⑶協調 15 分──即品質、交貨期及其他業務方面的配合度。

以上評價項目及權數可由各廠依廠商類別及現實需要調整,但需事先公告。

2. 年度評價

⑴月評價平均值佔 75%。

⑵年評價努力度佔 25%。

3. 各項目的評價方式

詳見「評分基準」。

（四）審查方式

1. 月評價

⑴每月由進料檢驗部門統計進料不良率、出貨檢查正確率、預防品質協調率及整潔度後，交由品質部門整理生產現場不良率得分。加總後由品質經理承認、發佈供應商的品質評價結果及重點品質改善項目。

⑵每月由採購部份別對交貨期與協調兩項進行評分，再合併品質分數做成「供應商綜合評價月報表」，經廠長核定後公佈，發出通知要求改善。

2. 年評價

⑴配合年度表揚及年度計劃的檢討進行。年評價的統計時間為上年度 9 月至本年度 8 月止。

⑵年度評價應由採購部門統籌評分，交付供應商管理中心會議討論定案，呈請事業部最高主管核定後公佈。

（五）考核分級

各企業視需要彈性調整並公告。

（六）獎罰方式

1. 獎勵

參與評價考核，成績優良的供應商享有以下獎勵：

⑴參加公司舉辦的各項培訓與研習活動。

⑵經選為公司優良供應商的可優先取得交易機會。

⑶對價格合理化及提案改善制度、品質管理制度、生產技術改善推行的成果顯著者，公司另行獎勵。

⑷代工類外包商評核成績優良時,可擇優給予公佈額度內的現金付款或縮短票期的獎勵。

2. 罰 則

⑴凡屬供應商責任的品質不良及交貨延期所造成的損失,須由供應商負責賠償(賠償辦法另訂)。

⑵月考核成績連續 3 個月評定為 C 級以下者,應接受減量交易、各項稽查、改善輔導等措施。

⑶考核成績連續 3 個月評定為 D 級,又未在公司要求期限內改善者,須停止交易。

(七) 評分基準

以下評分以「考核標準與項目」的考核項目及權數為基準,權數不同時按比例計算評分。

1. 進料不良率(%)

(1)計算 :

進料不良率＝檢驗不良批數/進料批數×100%

或 : 進料不良率＝檢驗不良個數/進料個數×100%

(2)評分 :

20%	5%	10%	5%	0%
0 分	5 分	10 分	15 分	20 分

2. 生產現場不良率(%)

(1)計算 :

生產現場不良率＝生產現場發現不良件數/當月進料件數×100%

(2)評分：

4%	3%	2%	1%	0%
0 分	2.5 分	5 分	7.5 分	10 分

3.出貨檢查正確率(%)

(1)計算：

出貨檢查正確批數＝當月進料批數－未附品質證明及品質證明
　　　　　　　　不正確批數

(2)評分：

50%	60%	70%	80%	90%	100%
0 分	2 分	4 分	6 分	8 分	10 分

4.預防品質協調率(%)

(1)計算：

預防品質協調率＝提出對策或來廠協商數/要求對策或來廠協商
　　　　　　　　數×100%

(2)評分：

80%	85%	90%	95%	100%
0 分	1.25 分	2.5 分	1.75 分	5 分

5.整潔度(%)

(1)計算：

整潔度＝滿意次數/抽樣次數×100%

(2)評分：

50%	60%	70%	80%	90%	100%
0 分	1 分	2 分	3 分	4 分	5 分

6. 誤期率(%)

(1)計算：

誤期率＝誤期批數/交貨批數×100%

(2)評分：

50%	60%	70%	80%	90%	100%
0分	7分	14分	21分	28分	35分

7. 協調性

由採購部門針對品質、交貨及其他業務方面配合狀況，採取彈性給分。

八、供應商激勵及懲處辦法

（一）目的

為激發本公司的供應商的積極性，也為規範供應商激勵和懲處流程，使之有章可循，特制定本辦法。

（二）適用範圍

凡與本公司合作的供應商均適用。

（三）激勵作業程序

1. 獲得激勵的前提條件。經供應商績效考核和供應商評估後，對供應商進行評分評級（從高至低分別為 A 類、B 類、C 類、D 類、E 類），對 A 類的供應商進行適當的獎勵（激勵）。

2. 被激勵的對象。可以是企業（即供應商），可以是部門（即供應商的某個部門），也可以是個人（供應商企業中的管理人員或員工）。

　　激勵目標。主要是透過某些激勵手段激發供應商的積極性，兼顧供需雙方的共同利益，消除由於信息不對稱和其他行為帶來的風險，使供應鏈的運作更加順暢，實現供應鏈企業共贏的目標。

　　4.激勵方式。

　　⑴價格激勵。獲此獎勵的供應商，享有比同類供應商更優惠合理的訂單報價。

　　⑵訂單激勵。獲此獎勵的供應商，本公司可適當增加訂單量。

　　⑶商譽激勵。獲此獎勵的供應商，本公司可頒發優秀供應商證書，並透過不同管道予以表揚。

　　⑷信息激勵。獲此獎勵的供應商，可以與本公司共用新產品開發、新技術交流以及雙方的運行狀況等信息。

　　⑸戰略合作。獲此獎勵的供應商，可以與本公司進行長期供應合作，建立戰略同盟，享有以上 4 點所有獎勵。

　　5.激勵舉措。

　　⑴　A 類供應商，可優先取得交易機會。

　　⑵　A 類供應商，可優先支付貨款或縮短票期。

　　⑶　A 類供應商，可獲得品質免檢或放寬檢驗。

　　⑷對價格合理化及提案改善，品質管理、生技改善推行成果顯著的，另行獎勵。

　　⑸　A、B、C 類供應商，可參加本公司舉辦的各項訓練與研習活動。

　　⑹　A 類供應商年終可獲本公司「優秀供應商」獎勵。

（四） 懲處作業程序

1.懲處的前提條件。

經供應商績效考核和供應商評估後，對供應商進行打分評級（從高至低分別為 A 類、B 類、C 類、D 類、E 類），對 B 類、C 類、D 類的供應商進行處罰，對 E 類的供應商實行淘汰。

2.被懲處的對象。

⑴對 B 類、C 類、D 類的供應商進行適當處罰。

⑵對 E 類的供應商實行淘汰。

3.懲處目標。

主要是透過某些懲處手段喚起供應商的積極性，同時透過考核淘汰機制的建立，逐步確定一支相對穩定且誠實守信、質優價廉、服務優良的供應商隊伍。

4.懲處方式。

⑴凡因供應商品質不良或交貨期延遲而造成的損失，由供應商負責賠償。

⑵ C 類、D 類的供應商，應接受訂單減量、各項稽查及改善輔導措施。

⑶ E 類供應商即予停止交易，予以淘汰，三年內不列入潛在供應商名單。

⑷ D 類供應商三個月內未能達到 C 類以上供應商的標準，視同 E 類供應商停止交易，予以淘汰，三年內不列入潛在供應商名單。

⑸因上述原因停止交易的供應商，如欲恢復交易需接受重新調查考核，並採用逐步加量的方式交易。

⑹信譽不佳的供應商酌情作延期付款的懲處。以上規定，自核准之日起生效。

九、供應商輔導管理辦法

（一）目的

為積極培育供應商成為本公司堅強的後盾，以提高經營合理化水準，特制定本辦法。凡本公司供應商輔導管理，悉依照本辦法的規定管理。

（二）調查作業程序

1.供應商調查

(1)實施採購前應作供應商調查，並填具「供應商調查表」，其目的是為了瞭解供應商的制程能力與品管功能，以初步確定其是否有能力供應符合本公司所要求品質水準的材料。

(2)調查資料經生產技術、採購、品管、生產管理四個部門會簽意見後，呈總經理批准，才能成為本公司的供應商。

(3)未經供應商調查認可的廠商，須經總經理特准，才可以採購。

2.供應商評核

評核的結果，由各評核部門彙集成建議，提供總經理核定作為是否准予其成為本公司供應商的依據。

3.價格評估

對於供應商所供應材料的價格，由本公司採購部依供應商下列因素做出評核：

(1)材料價格。

(2)加工費。

(3)估價方法。

4.技術評核

對於供應商的生產技術，由本公司生產技術部依供應商的下列因素做出評核：

⑴技術水準。

⑵技術潛力。

5.品質評核

對於供應商的品質評核，由本公司的品管部依供應商的下列因素做出評核：

⑴進料品管。

⑵制程品管。

⑶成品品管制度執行能力、效果。

6.生產管理評核

對於供應商的生產管理評核，由本公司的生產管理部，依供應商的下列因素做出評核：

⑴生產計劃。

⑵進度控制。

⑶交貨控制。

7.供應商覆查

⑴經調查認可的合格供應商，原則上每年覆查一次。

⑵若供應商的交貨品質或日期有變更時，應隨機覆查，其目的是協助供應商加強商品管理制度，以解決品質問題。

8.供應商意見調查

⑴經調查認可的合格供應商，原則上每季意見調查一次。

⑵調查意見由採購部門製作成季報，呈主管核示後交相關部門配合改善。

（三）評價作業

1. 評價分等

供應商的評價，每月依「供應商等級評核表」評核一次。

⑴優良(A 等)：90.1～100 分。

⑵好(B 等)：80.1～90 分。

⑶平(C 等)：70.1～80 分。

⑷不甚好(D 等)：60.1～70 分。

⑸不合格(E 等)：60 分以下。

2. 輔導方式

⑴交貨品質列為 B 等的廠商，進料品管將依各廠商交貨的主要品質缺點，以書面或電話的形式促其改善。

⑵交貨品質列為 C 等以下的廠商，由進料品管依其近三個月交貨評核及評等偏低原因，作改善或淘汰的建議，並協助其改善。

3. 評價項目

供應商交貨實績評估項目及評分範圍如下：

⑴品質評分：40 分。

⑵包裝評分：10 分。

⑶交貨期準確性：25 分。

⑷價格評分：10 分。

⑸售後服務：15 分。

4. 評分方法

評分方法如下：

⑴品質。依據進料驗收時，交貨不良率評估：

評比結果＝100－50×（不合格批數/全部檢驗批數＋全部不良樣品數/全部樣品數）

註：不合格批數包括特認批數。

(2)包裝。

①依據本公司規定的包裝標準及貨品保護情形酌情評分。

②包裝、外箱須標示數量、機種、品名、顏色、重量等。

(3)交貨期。

以本公司發出的訂單規定的交貨日為準予以評分，評分方式如下：

①如期交貨得 25 分。

②延遲交貨 1～2 日得 20 分。

③延遲交貨 3～4 日得 10 分。

④延遲交貨 5～6 日得 5 分。

⑤延遲交貨 7 日以上得 0 分。

(4)價格。

依據供應商的價格水準與估價行動予以評分，評分方式如下：

①價格水準。

· 價格公平合理：6～7 分。

· 價格稍為偏高：4～5 分。

· 經常要求調價：1～3 分。

· 以不承制相逼：0 分。

②估價行動。

· 行動迅速、價格合理：3 分。

· 行動緩慢、價格合理：2 分。

· 行動緩慢、價格偏高：1 分。

· 置之不理：0 分。

(5)服務。

依據交換品更換行動及投訴處理予以評分，評分方式如下：

① 交換品交換行動。

‧ 按期更換：8 分。

‧ 偶爾拖延：5～7 分。

‧ 經常拖延：1～4 分。

‧ 置之不理：0 分。

② 投訴處理。

‧ 誠意改善：7 分。

‧ 尚能誠意改善：4～6 分。

‧ 改善誠意不足：1～3 分。

‧ 置之不理：0 分。

5.評等處理

「供應商等級評核表」每月由品管部製作，於次月 5 日前呈報製造部經理，並按評定等級作獎懲處理。

⑴成績達 90 分(優良)以上的廠商，本公司給予短期期票或現期支票支付貨款，以資鼓勵。

⑵未達 80 分(平)的廠商，由採購部人員提醒其注意並要求改善。

⑶未達 70 分(不甚好)的廠商，由採購部人員考慮更換廠商。

⑷未達 70 分(不甚好)而無法更換的廠商，應將同性質廠商相互比較，擇其優者協助其改善。

⑸60 分(不合格)以下者，除名，不再向其採購。

第 *11* 章

企業與供應商之間的關係管理

供應商關係管理是一種以「建立互助的夥伴關係、開拓和擴大市場佔有率、實現雙贏」為導向的企業資源獲取工程。

供應商管理 E 化是透過電腦和網路的協助，以資訊化輔助供應商管理，實現供應商管理信息化的過程。它將現代信息技術與先進的供應商管理理念相融合，轉變企業生產方式、經營方式業務流程，重新整合了企業內外部資源，可大大提高企業效率和效益，增強企業競爭力。

一、分析企業與供應商之間的關係

它先將進的電子商務、數據挖掘、協同技術等信息技術緊密集成在一起，力求為企業進行產品的策略性設計、資源的策略性獲取、合約的有效洽談、產品內容的統一管理等過程，提供一個優化的解決方案。

　　供應商和採購方之間的關係，除了各種明顯的相互作用以外，還有其他的存在形式。例如，產品和服務的相互適應、運營銜接以及共同的戰略意圖等。企業與供應商的關係如何，將直接影響供應關係的後續發展。因此，企業必須明確自身與供應商之間的關係。

　　供應商關係管理的目標是透過與供應商建立長期、緊密的業務關係，並透過對雙方資源和競爭優勢的整合來共同開拓市場，擴大市場需求和佔有率，降低產品前期的高額成本，實現雙贏。

　　從供應商關係管理的內容及範圍上看，供應商關係管理可分為事務型和分析型兩種類型。

1. 事務型供應商關係管理

　　事務型供應商關係管理主要用於執行和跟蹤與供應商之間的業務過程，例如，下訂單、訂單支付、退貨以及缺陷產品的回收等。事務型供應商關係管理系統的重點集中在事件驅動性的、短期的信息和報告上，例如，某天採購了什麼物料，供應商是誰，採購金額是多少等。

　　由於事務型供應商關係管理的數據是分散和相互獨立的，因此，這種類型的供應商關係管理適用於那些交易量較大，供應商數據較為分散的大型公司。

2. 分析型供應商關係管理

　　分析型供應商關係管理的重點集中於對未來運行等前瞻性問題上，例如，企業與某供應商共進行了多少筆交易，誰是最大的供應商，如何透過優化和關鍵供應商之間的關係來降低總成本等。分析型供應商關係管理系統透過為企業提供全面的供應商信息和專業數據分析，來解決有關供應商關係管理中的戰略性問題。

　　企業應致力於建立分析型供應商關係管理，真正識別具有戰略價

值的供應商，並採取相應的措施，不斷改進供應商關係，打造競爭優勢。

二、供應商合作關係的表現形式

傳統觀念認為，供應商就是指那些向買家提供產品或服務並收取相應貨幣報酬的製造商、承包商或服務商。企業與供應商的交易關係一般在貨物交付、貨款結清時就基本結束。在其他條件不變時，交易價格是雙方磋商的焦點。

(1)優先型供應商

採購業務對於供應商非常重要，但對於企業並不重要，這樣的供應商應優先發展。

(2)重點商業型供應商

採購業務對供應商無關緊要，但對企業十分重要的，這樣的供應商需注意對其進行輔導，使其改進提高。

(3)商業型供應商

採購業務對供應商和企業來說都不重要，可隨意進行選擇與更換，雙方僅為普通的關係。

(4)夥伴型供應商

採購業務對於供應商非常重要，供應商自身又有很強的產品開發能力，同時該採購業務對企業也很重要，這樣的供應商應發展為戰略夥伴關係。

其中，夥伴型供應商關係是雙方合作關係的最高層次。它建立在供需雙方相互信任的基礎之上，是雙方為了實現共同目標而採取的「共擔風險、共用利益」的長期合作關係。

三、供應商關係管理的側重點

對供應商關係管理的研究和經驗表明，很多因素會影響雙方的合作關係。採購方企業應針對這些關鍵因素，對供應商進行管理，以引導雙方關係向良性方向發展。

此外，供應商關係管理最終必須程序化、規範化。企業應將供應商分析、供應商選擇、目標與計劃的制訂、供應商改進項目的實施與監測、供應商關係評估以及有關人員在供應商夥伴關係管理中的職責等事宜，皆用程序性文件的方式固定下來，作為供應商管理的一部份。

(1)獲得高層支持

企業高層管理者要意識到供應商管理是整個公司業務管理中最重要的有機組成部份之一，下定決心支援發展供應商的長期合作夥伴關係，然後採購部才能開展具體的工作。

(2)嚴格篩選供應商

由於建立和管理合作夥伴關係的工作量非常大，轉換供應商的成本也特別高，因此選擇一個合適的聯盟夥伴對於採購方企業而言是非常重要的。

(3)保持目標一致

目標一致意味著雙方都在努力滿足對方的需求. 很多時候，僅僅就是因為目標不一致，導致了不可調和的矛盾，影響了雙方的關係。

(4)建立夥伴關係支持體系

組建跨職能小組，幫助簽訂夥伴關係協議，例如，簽訂長期採購協議，可在其中強調各種各樣的非價格問題，包括績效改進要求、衝突解決機制等。

⑸不斷關注雙贏機會

雙贏關係的核心是瞭解對方的需求和期望，雙方應在合作中致力於滿足對方的要求，提高各自的價值，而不是為了分割一個固定的市場而彼此競爭。

⑹廣泛溝通和分享信息

透過多種方式進行溝通和信息共用，包括雙方的經理定期召開會議、職能部門間的點對點或平行溝通，電子郵件、電視或電話會議等形式。

⑺加深信任

加深信任的方式有很多種，包括組織間進行公開的溝通、兌現承諾和履行義務、公開發表有關成功聯盟的事件、對於涉及雙方關係的內部信息和數據嚴格保密、定期召開組織間的會議等。

四、確定雙方合作的深度

生產企業一味地單方面向供應商要低價，這一做法是不可取也是行不通的。要使生產企業與供應商由買賣中的敵對關係轉變成「雙贏」的合作關係，這需要付出一定的時間和努力。透過科學評估與供應商的關係，可以幫助企業有效設置更適宜的合作深度，規避合作風險。

1. 採用 80/20 法則確定合作深度

生產/製造企業在分析所採購零件與供應商關係時，可從產品的標準化、技術專有性及技術三個方面入手。

表 11-1　評估供應商重要性的因素

因素	說明
產品標準化	如果所採購的零件商業化、標準化程度較高、互換性較強,那麼這類供應商顯然也會較多,不應重點發展
技術專有性	有些零件需要專門的技術(或專利產品)製造,供應商對這些產品擁有較絕對的優勢,這類供應商無疑對本公司是重要的
技術要求	有些零件由於技術限制(如需要電鍍等)使得本公司必須依靠供應商提供,對這些供應商應維持一種良好的關係

　　企業可以綜合考慮上述幾方面因素,界定供應商的重要性。比較簡單的做法是採用 80/20 規則,將供應商分成普通供應商和重點供應商,即佔有 80%採購金額的 20%供應商為重點供應商,而其餘只佔 20%採購金額的 80%供應商為普通供應商。對於重點供應商企業應投入 80%的時間和精力進行管理、改進,而對普通供應商則只需投入 20%的時間和精力。

2.根據供應商類型確定合作深度

　　採購方應依據供應商類型來確定雙方合作的深度。

　　第 1 個層次的供應商與企業之間為已認可的、觸手可及的關係,因採購價值低,它們對本公司顯得不很重要。對於這一層次的供應商,只要透過詢價、比價,選擇價格低的採購管道現貨買進即可,無需建立比較深的合作關係。

　　第 2 個層次的供應商與企業之間為需持續接觸的關係。供應商供應的產品受供求關係的影響較大,企業與之簽訂長期採購合約風險大。對於這一層次的供應商,企業往往透過供應商評審,建立潛在合格供應商檔案,適時透過招標採購方式,選擇合適的供應商。

表 11-2 供應商類型與合作深度

層次	類型	採購戰略	合作深度
5	戰略夥伴供應商	優化協作，共同開發，協同發展	長期合作的夥伴供應商
4	優勢互補的供應商	強化合作，資源整合	長期合作的供應商
3	相互聯繫的供應商	篩選供應商、優化供應鏈	階段性合作的供應商
2	需持續接觸的供應商	競爭性招標	潛在合格供應商
1	已認可的、觸手可及的供應商	詢價、比價	市場供應商

第 3 個層次的供應商與企業之間為相互聯繫的關係，其特徵是公開、互相信賴。這類供應商一旦選定，雙方會以坦誠的態度在合作過程中改進供應、降低成本。但供應商並非唯一的，因而企業應有替代供應商可供選擇。對於這類供應商，可考慮從階段性合作向長期合作發展。

第 4 個層次的供應商為優勢互補的關係。雙方處於一種專業配套的長期合作關係，其重要特徵是雙方都力求強化合作。對於這一層次的供應商，企業可透過合約等方式將長期關係固定下來。

第 5 個層次的供應商與企業之間為戰略夥伴關係。這種關係意味著雙方有共同的目標，期望透過把「蛋糕」做大而獲得「雙贏」。在這種關係下，雙方會為了長期的合作，不斷地優化協作，並肩作戰。

當然，對於生產企業來說，不管與供應商的合作到了多麼深入的程度，透過降低成本(包括生產企業和供應商雙方的成本降低)而謀求低價是一個永不停止的過程，只不過隨著雙方合作的深入，降低成本

往往變成了雙方共同協作的工作，而不再只是生產企業或供應商的單獨行為。

3.採供雙方的日常關係管理

供應商日常關係管理是採購企業與供應商在合約、合約的執行過程中，為鞏固並不斷發展完善供貨、合作甚至聯盟關係而作出的所有努力。供需雙方簽訂合作協議之後，供應商開發過程只是剛剛開始，在此基礎上的供應商日常關係管理對於保證採購物資的高品質供應有著非常重要的作用。

(1)定期監督檢查

企業應定期指派技術人員或專家對供應商進行定期檢查，全面掌握供應商的綜合能力，及時發現其薄弱環節並要求其改善，從體系上保證供應品質。檢查的主要內容包括供應合約的執行情況和外包品的品質情況。

企業沒有足夠的精力指派專人進行定期檢查時，可透過對供應商關鍵工序或特殊工序進行檢查，也可要求供應商報告生產條件情況、提供製造過程檢驗記錄，透過分析評議等辦法進行檢查。

表 11-3　不同階段檢查的重點

階段	檢查的重點
生產前	檢查主材、輔材以及外購零件的品質狀況
生產中	檢查各工序半成品的品質狀況
生產後	檢查成品的檢驗、試驗及包裝情況

(2)深化技術與信息交流

企業的業務人員與供應商的相關部門之間定期或不定期的技術交流對維護雙方關係大有好處。供應商在供貨過程中表現優秀的方

面、不盡如人意的地方甚至出現的紕漏和造成的損失，企業都有義務以平和的心態與供應商進行及時有效的交流。這種交流有助於改善供貨績效並提高供應商的競爭能力。

⑶定期召開供應商大會

採購方企業應定期召開供應商大會，加強企業與供應商，以及供應商與供應商之間的交流和溝通，互惠互利，共同提高。

在會議結束之後，應評估此次會議是否達到了召開供應商大會的目的，是否加深了雙方的相互理解，供應商是否瞭解了採購方企業對其品質改善的期望以及雙方進一步深化合作的可能性等。

五、建立戰略夥伴式關係

與供應商建立戰略夥伴關係，這已成為許多企業採取的一種有效策略。建立戰略夥伴關係，於企業及供應商都有很大的益處。

1.對供應商的好處
⑴增強共同責任感。
⑵增加對未來需求的可預見性和可控性。
⑶增強供應計劃的穩定性。
⑷增強供應商的競爭力

2.對採購方的好處
⑴增強採購業務的控制能力。
⑵從長期的、有信任保證的訂貨合約，保證滿足採購需求。
⑶減少和消除不必要的對進購產品的檢查活動

3.對雙方的好處
⑴改善相互之間的信息交流。

(2)實現共同的期望和目標。

(3)共擔風險和共用利益。

(4)共同參與產品和技術開發，實現相互之間的技術、技術和物理集成。

(5)減少管理成本。

(6)減少外在因素影響及造成的風險。

(7)降低投機事件的發生概率。

(8)增強矛盾衝突解決能力。

(9)訂單、生產、運輸上實現規模。效益，以降低成本。

(10)提高資產利用率。

基於以上角度的考量，採購方應致力於與供應商建立戰略夥伴關係。建立雙贏的戰略夥伴關係。

表 11-4　建立雙贏的戰略夥伴關係的方法

方法	說明
重新定位與供應商的關係	實施有效的供應商管理就是要將危害供應鏈運作的衝突因數消滅於萌芽，最根本的辦法是消除引起衝突的土壤。具體做法如下： (1)建立有效的供應鏈組織機制。 (2)簽訂公正、合理的供應鏈協議。 (3)立足於長期的合作關係。
建立利益共用機制	與供應商之間建立共同的利益獲取與約束機制：在共性層面上，以供應鏈協議的利益分享機制為基礎，在點的層面上，與供應商之間的利益分配可以採取靈活的協商方式，確保雙方能夠共贏。

續表

建立良好的溝通管道	信息的溝通可透過在供應鏈信息網路上共用信息而獲得，此外，還應開發其他溝通管道。例如，與供應商中高層人員的互訪。
建立共同的品質觀念	供應鏈要保持有效的運作，必須建立共同認可的品質觀。 ⑴供應商要確保提供品質滿意的產品，並做到準時、按量供貨，不出差錯。 ⑵運輸、裝卸、倉儲、流通加工各環節必須維持或提升產品品質。 ⑶供應商要強化服務品質，以保證供需雙方都滿意。 ⑷供應商要努力提升創新能力，同時企業必須提供必要的幫助與合作。 ⑸供需雙方都要向對方提供可靠的信用保證並持之以恆。
讓供應商參與企業管理	讓供應商參與企業管理中，有兩方面作用： ⑴採購方建立雙向交流的過程中向供應商學習，從供應商處取得寶貴的意見，獲得持續性改善。 ⑵採購方和供應商透過共同制定品質方案，確定合作目標而獲得高度整合。
信息共用	雙方公開與分享人員、一般價值、流程、成本以及其他方面的信息，以降低信息資源的重覆建設和浪費，同時，合作夥伴共同參與制訂計劃，可以最大限度地發揮參與到供應鏈的每一個成員的優點。
共同制定長期發展規劃	採購方公司與供應商合作，制訂有利於雙方的持續性發展規劃，是戰略聯盟的目標之一。雙方的有效溝通，可以深入地瞭解合作方在管理、技術、開發、應用等方面的決策。
合作財務分析	與供應商建立聯合的績效標準及數據跟蹤系統，共同分析成本和利潤，共用利益以及分擔風險，或共同制定價格策略，保證雙方具有相應的利潤。

生產企業與供應商之間建立戰略夥伴關係的基礎是相互信任、相互幫助，在這一基礎之上，雙方為共同的、明確的目標而建立的一種長期的合作關係，從而使雙方利益最大化。可見，與供應商建立戰略夥伴式關係的難點和重點就在於信息共用。也唯有信息共用，雙方才能相互信任、相互幫助，實現雙贏。

六、終結不良供應商

當雙方的合作關係失敗而要終止時，企業要及時淘汰或更換供應商，以免損害客戶滿意度，企業的利潤和名譽。

(1)企業對供應商不滿

例如，企業連續派出品質小組幫助供應商解決重覆性的問題，供應商卻沒有作出相應改變，退貨還在持續發生，企業只能轉而尋找能做出積極回應或更有能力的供應商。

(2)供應商破產或無法預測的風險

供應商被其他企業收購，即將關閉，企業要做好更換供應商的準備。

(3)相互失去信任

與供應商溝通失敗，直接損害對對方的信任。

如採購方企業對供應商的表現感到失望，那麼採購方企業應提前向供應商提出結束合作要求，並明確說明與之結束合作的原因。

採購方應本著友好的態度與供應商「結束合作關係」。

終結供應關係時，應努力達成以下目標。

(1)有秩序地退出。

(2)未對企業客戶造成損害。

⑶最少的浪費和開支。

⑷對淘汰或更換供應商的原因有清醒認識。

　　儘管有時候採購方已經就終止合作關係與供應商進行了長期交涉與說明，態度也非常友好，但受利益與其他因素的影響，對方可能還是會無法接受與理解。不管難度有多大，採購方都有義務和責任積極應對，努力付出，以期達到最好的效果。

表 11-5　淘汰供應商的策略

策略	說明
在供應商的表現、成本等接近「危險區」時，直接發出警告信號	⑴積極的態度。先向供應商解釋這麼做對雙方可能都有好處，與其面對延續的挫折，不如現在先結束合作，等以後雙方情況改變後再尋求合作機會。 ⑵平和的語調。不要從專業的或個人的角度去侮辱對方。 ⑶專業的理由。這不是個人的問題，你要告訴供應商，你的職責是為企業創造價值，吸引和留住客戶
尋求迅速公平的轉換方法，使「痛苦」降到最小	清楚地列出供應商該做那些工作，例如對方需按指示停止相關工作，如同意終止合約，則馬上結束分包合約，送回屬於我方的資產，對方應知會我方有關的法律事項，以及如何以雙方最低的成本處理現有庫存
做好善後事宜	⑴對已發生的費用進行結算，協助處理現有庫存。 ⑵與供應商要共同確立轉換過程的合理時間表。 ⑶擬定一份「出清存貨合約清單」，寫明雙方的職責和結束日期

七、供應商的 E 化管理步驟

供應商管理 E 化的精髓是信息集成，其核心要素是管理平台的建設和數據的深度挖掘。它透過信息管理系統把企業的設計、採購、生產、製造、財務、行銷、經營、管理等各個環節集成起來，共用信息和資源，同時利用現代技術手段，來管理供應商，有效地支撐企業的決策系統，從而達到降低庫存、提高生能和品質、快速應變的目的。

搭建供應商 E 化管理平台的步驟如下：

(1)提供培訓

事先對所有使用者提供充分的培訓，培訓內容不僅包括技能的方面，更重要的是讓員工瞭解將在什麼地方進行制度革新，以便將一種積極的、支持性的態度灌輸給員工，這將有助於減少未來項目進展中的阻力。

(2)建立數據源

為搭建管理平台積累數據，主要包括供應商目錄、供應商的原料和產品信息、各種文檔樣本、與採購相關的其他網站、可檢索的數據庫、搜索工具。

(3)成立正式的項目小組

小組需要由高層管理者直接領導，其成員應當包括項目實施的整個進程所涉及的各個層面，包括信息技術、採購、倉儲、生產、計劃等部門，甚至包括 Internet 服務提供商(ISP)、應用服務提供商(ASP)、供應商等外部組織的成員。每個成員對各種方案選擇的意見、風險、成本、程序安裝和監督程序運行的職責分配等進行充分地交流和討論，以取得共識。

⑷廣泛調查收集意見

項目小組應廣泛聽取各方面的意見，包括有技術特長的人員、管理人員、軟體供應商等；同時要借鑑其他企業行之有效的做法，在統一意見的基礎上，制定和完善有關的技術方案。

⑸建立企業內部管理信息系統

在企業的管理信息系統中，設置好各功能板塊，實現業務數據的電腦自動化管理，使整個採購過程始終與管理層、相關部門、供應商及其他相關內外部人員保持動態的即時聯繫。

⑹測試所有功能模塊

在平台正式啟用之前，必須對所有的功能模塊進行測試，因為任何一個功能模塊在運行中如果存在問題都會對整個系統的運行產生很大的影響。

⑺培訓使用者

安排實際操作人員參與系統使用技能的培訓，這也是十分必要的，這樣才能確保供應商信息化管理系統能得以很好的實施。

八、供應商 E 化管理平臺的資料

供應商 E 化管理平台的設計工作，可由企業內部獨立完成，不過，目前企業大多依託外部服務商來進行管理平台的設計，企業只負責對信息化管理系統進行評審。企業只需對相關軟體和硬體系統加以評審，如確認符合要求，即可著手 E 化管理平台的搭建工作了。

供應商 E 化管理平台正常運行之後，採購方企業須定期對其運行情況進行評價，主要包括功能、硬體和軟體、系統應用以及經濟效果等方面的評價。當然，系統正式運行之後，管理平台的日常管理和系

統維護也非常重要。

1. 整理、更新供應商信息

供應商信息管理系統成功搭建之後，採購方需要做好的一項重要工作就是將供應商信息及時錄入供應商信息系統中。在進行此項工作時，需要整理的供應商信息通常分為以下幾方面：供應商基本資料、合格供應商名單、供應商日常信息等。

(1)供應商基本資料

依據《供應商基本資料表》中各欄內容，將供應商的基本資料，包括公司名稱、位址、電話、傳真、E-mail、網址、負責人、聯繫人；供應商運營概況(如資本額、成立日期、佔地面積、營業額、銀行信息)、設備狀況、人力資源狀況、主要產品及原材料、主要客戶等加以整理，並準確地錄入信息管理系統中。

(2)合格供應商名單

依據紙質《供應商名單》中各欄內容，將所有合格供應商及其相關資料，包括供應商編號、名稱、聯繫方式、供應材料，最後覆查時間，備註信息等進行整理，並錄入供應商信息管理系統。此外，對於供應商信息管理系統中應填寫的其他資料，信息錄入人員應及時與供應商聯繫，向其索要，以確保資料的齊備。

(3)供應商日常信息

信息錄入人員應將合格供應商的日常信息進行整理，並錄入供應商信息管理系統。

表 11-6　合格供應商信息管理的內容

內容	說明
物料品質	物料來件的優良品情況，品質保證體系，樣品品質情況，處理品質問題
交貨	交貨的及時性，擴大供貨的彈性，樣品的及時性，增、減訂貨的批應情況
物料價格	優惠程度，消化漲價的能力，成本下降空間
生產技木	技術的先進性，後續研發能力，產品設計能力，技術問題的反應能力
後援服務能力	訂貨保證，配套售後服務
人力資源管理	經營團隊，員工素質，人員流動情況
合作情況	合約履約情況，年均供貨額外負擔和所佔比例，合作年限，合作融洽關係
績效考核	對供應商進行考核分級，並採取相應的獎懲措施

　　當然，供應商信息管理系統所要求錄入的供應商相關信息並非只有上文所列，信息錄入工作也並不是一件很簡單的事情。它要求信息錄入人員有足夠的耐心，能細心處理各項數據，並確保錄入信息的真實、準確、有效。

　　需要注意的是，供應商的信息管理切忌過於陳舊，信息管理人員必須根據外部供應環境變化，及時跟蹤供應商的狀態，及時對信息系統作出更新處理。

2.供應商信息的安全管理

　　實現安全問題是關鍵。供應商信息管理系統是活動在 Internet 平台上的一個涉及信息、資金和物資交易的綜合交易系統。其安全性

是供應商管理 E 化的一個重要問題。

(1)供應商信息安全的含義

所謂供應商信息安全，是指透過採取一系列的安全技術措施和安全管理制度，確保供應商信息遠離危險的狀態或特性。供應商信息安全包含 4 層含義：密碼安全、電腦安全、網路安全和電子交易安全。

其中，密碼安全是通信安全最核心部份，由技術上提供強勁的密碼系統來實現；電腦安全是一種確定的狀態，是指電腦數據和文件不致被非授權用戶訪問、修改；網路安全是所有保護網路安全的措施，保證網路傳輸數據、共用信息的安全；電子交易安全是指保證借助網路平台進行商務交易的安全。

①供應商信息安全的影響要素。供應商信息安全的要素包括：信息的有效性、信息的機密性、信息的完整性、信息的可靠性/不可抵賴性、內部網的嚴密性、交易身份的確定性。

a.信息的有效性。如何確保供應商信息的有效性是開展電子商務的前提。電子商務作為貿易的一種形式，其信息的有效性將直接關係到個人、企業的利益和聲譽。

b.信息的機密性。電子商務是建立在一個較為開放的網路環境上的，商業防洩密是電子商務全面推廣應用的重要保障。

c.信息的完整性。由於數據輸入時的意外差錯或欺詐行為，可能導致貿易信息的差異。因此，信息系統應充分保證數據傳輸、存儲及電子商務完整性檢查的正確和可靠。

d.信息的可靠性。可靠性要求能保證合法用戶對信息和資源的使用不會被不正當地拒絕，並能建立有效的責任機制，防止實體否認其行為。

e.內部網的嚴密性。信息平台由是電腦系統搭建而成，其嚴密性

是防止電腦失效、程序錯誤、傳輸錯誤、自然災害等引起的電腦信息失誤或失效。

f.交易身份的確定性。方便而可靠地確認雙方身份是交易的前提。為了做到安全、保密、可靠地開展交易活動，可採用各種保密與識別方法，進行身份認證工作，以確認雙方的身份。

②供應商信息安全問題的根源。供應商信息安全的威脅主要有三種，包括信息傳輸過程中的威脅(中斷、截獲、篡改、偽造)、信息存儲過程中的威脅(非法用戶獲取系統的訪問控制權後，可以破壞信息的保密性、真實性和完整性)以及信息加工處理中的威脅(有意攻擊和無意損壞都會造成信息和系統的破壞)。供應商信息安全威脅的根源如表 11-7 所示。

表 11-7　供應商信息安全威脅的根源

根源	說明
物理安全問題	包括物理設備本身的安全、環境安全和物理設備所在的地域等因素
方案設計缺陷	方案設計者的安全理論與實踐水準不夠，設計出來的方案就必然存在安全隱患
系統安全漏洞	隨著軟體系統規模的不斷增大，信息系統中的安全漏洞(包括作業系統安全漏洞、網路安全漏洞、應用系統安全漏洞等)和「後門」也不可避免地存在
人為因素	人的因素是網路安全問題的重要因素，包括人為的無意義失誤、人為的惡意攻擊、管理上地的漏洞等

⑵供應商信息安全的防範策略

隨著電腦及 Internet 安全技術的不斷發展與日趨完善，供應商

信息安全防範策略從最初的信息保密性發展到信息的完整性、可用性、可控性和不可否認性，進而又發展成為了「攻、防、測、控、管、評」等多方面的基礎理論和實施技術。

①安全技術的應用。目前，供應商信息安全領域已經形成了 9 大核心技術，它們是：加密技術、身份驗證技術、訪問控制技術、防火牆技術、安全內核技術、網路反病毒技術、信息洩露防治技術、網路安全漏洞掃描技術、入侵檢測技術。下面就加密技術、身份驗證技術（數字簽名、數字時間戳、數字證書）、防火牆技術作簡單介紹。

a.加密技術。「加密」，簡單地說，就是使用數學的方法，將原始信息（明文）重新組織與變換成只有授權用戶才可以解讀的密碼形式（密文）；而「解密」就是將密文重新恢復成明文。加密技術解決了傳送信息的保密問題。

如果按照收發雙方密鑰是否相同來分類，可以將加密技術分為對稱密鑰加密技術和非對稱密鑰加密技術，兩種技術最有名的代表分別為 DES 和 RSA。

b.數字簽名。數字簽名解決了防止他人破壞傳輸文件，以及確定發信人身份的問題。

數字簽名與書面文件簽名有相同功效，它代表了文件的特徵；如果文件發生改變，數字簽名的值也將發生變化，不同的文件將得到不同的數字簽名。

c.數字時間戳。數字時間戳服務提供了對電子文件發表時間的安全保護，由專門的機構提供。時間戳是一個經加密後形成的憑證文檔，它包括需加時間戳的文件的摘要、DTS 收到文件的日期和時間、DTS 的數字簽字二個部份。

需要注意的是，數字時間戳的加蓋應當確保具備 3 個條件：

‧數據文件加蓋的時間戳與存儲數據的物理媒體無關；

‧對已加蓋時間戳的文件不可能做絲毫改動；

‧要想對某個文件加蓋與當前日期和時間不同的時間戳是不可能的。

d.數字證書。數字證書是由 CA(Certificate Authority)認證中心簽發的，用電子手段來證實一個用戶的身份和對網路資源的訪問權限的憑證。數字證書可以為電子簽名相關各方提供真實、可靠驗證的公眾服務，解決電子商務活動中交易參與各方身份、資信的認定，維護交易活動的安全，從根本上保障電子商務交易活動順利進行。在網路電子交易中，如雙方出示了各自的數字證書，就可用它來進行安全交易操作。

e.防火牆技術。防火牆英文名稱為 Fire Wall，是應用最為廣泛的一種安全手段，指的是一個由軟體和硬體設備組合而成的、在內部網和外部網之間、專用網和公共網之間的界面上構造的保護屏障。

它透過在網路邊界上建立起來的相應網路安全監測系統來隔離內部和外部網路，以確定那些內部服務允許外部訪問，以及允許那些外部服務訪問內部服務，阻擋外部網路的入侵。

防火牆的應用，奉行兩個基本準則：一是未被允許的就是禁止的；二是未被禁止的就是允許的。基於該準則，防火牆應轉發所有信息流，然後逐項遮罩可能有害的服務。這種方法構成了一種更為靈活的應用環境，可為用戶提供更多的服務。

②安全管理制度的強化控制。企業可以構建供應商信息安全控制的框架，並加強各項制度(人員管理制度、保密制度、跟蹤審計制度、系統維護制度、病毒防範制度、應急措施等)的嚴格執行與管理，來解決供應商信息的安全性問題。

　　總之，供應商管理 E 化給生產企業、供應商和消費者所帶來的收益是不可估量的。特別是信息化以其高效、低成本的優勢，必將成為新興的商業運作模式，推動著供應商管理的快速發展。而信息安全問題始終是信息化的核心，是阻礙信息化廣泛應用的最大問題。信息的安全問題可透過綜合運用各類安全技術，構建供應商信息安全控制的框架並加強各項制度的管理而得以解決。

九、與供應商建立戰略夥伴關係

　　傳統採購都是找一些供應商，然後殺價，那個便宜就買那個供應商的。以前有很多汽車廠家都是這樣做的。豐田汽車廠在實施 JIT 之前有 2000 多家供應商。豐田往往是先設計出一個零件，然後交給所有生產這個零件的供應商，這些供應商拿零件回去做可行性分析，提供能生產這個零件的證據，甚至把零件的樣品做出來，然後報價。誰家報價最便宜，豐田就給誰做。

　　這種情況下，廠家與供應商的關係有些像僱主與僱工，供應商好像在給廠家打工，而且廠家隨時可以解聘供應商。廠家與供應商不是合作的關係，而是僱傭的關係甚至是剝削的關係，所以供應商就沒有時間也沒有精力更沒有觀念要想辦法改進產品，保證供應。做一單算一單，這是傳統的供應關係。

　　在 JIT 採購中，廠家會與供應商建立一種夥伴關係，就是我們常常聽到的戰略夥伴關係。如果廠家與供應商建立了戰略夥伴這種長期合作的關係，就可以消除很多採購中的浪費。

　　廠家要選擇不多的幾個合格的供應商，建立長期的、互利的合作關係。只有建立長期的關係才能解決品質問題。合格的供應商一般有

較好的設備、技術條件和管理水準，而且可以保證準時供貨，確保產品品質。

選擇供應商的時候就要先考慮品質保證能力，然後再考慮技術能力和管理水準，最後才考慮價格，這與以往挑供應商只考慮價格不考慮其他因素有所不同，因為價格只是一個暫時的東西。只有長久的品質控制能力和管理水準才能保證供應商能與企業做長期的合作，所以，JIT 生產要求企業選擇合格的供應商，並與他們建立長期的合作關係。

十、友好地結束供應商關係

企業在發展的過程中，有時會被迫減少某種產品，或者由於自然原因，導致企業不能維持生產。此時需要重新處理企業與供應商的關係。面對這些減產、停產的情況，企業需要與供應商結束供應關係，這就需要企業與供應商協商，友好地結束彼此的供應關係。

為了友好地結束與供應商的關係，採購方需要瞭解企業與供應商拆夥的類型：一類是自願拆夥，主要是企業對供應商表現不滿；一類是非自願拆夥，主要由於供應商破產或無法預測風險的出現，導致彼此失去信任，只好拆夥。

為了友好地結束與供應商的關係，採購方需要掌握策略，從而把拆夥的損失降到最低。友好地結束與供應商的關係需要掌握 3 種策略：

第一種，積極的態度。如果是採購方自願拆夥，就要積極地與供應商協商，給供應商合理的賠償，爭取儘快友好地結束與供應商的關係，千萬不要消極地拖著不解決；問題越積越多，就會加劇彼此的矛

盾，就會增加結束關係的困難。

第二種，平和的語調。即使採購方對供應商的產品品質、交貨期、售後服務等不滿，已經決定結束關係，指責、抱怨供應商已經沒有意義，只能導致彼此的關係緊張，不利於友好結束關係。所以要用平和的語調，協商結束關係。

第三種，專業的理由。如果採購方提出結束供應商供應的關係，一定要有專業的、有說服力的理由。例如，嚴重品質的問題，經過改善仍然沒達到要求，供應商也就無話可說。專業的理由能夠快速結束供應商的關係，並降低企業的損失。採購員運用這三種策略，有利於企業與供應商順利地、友好地結束供需關係。

為了提高友好結束供應商關係的工作效率，採購方需要掌握結束供應商關係的一般過程。

第一，向供應商解釋此次拆夥對雙方的好處。例如 A 企業向 B 供應商提出結束關係。A 企業採購員應告訴 B 供應商可以快速結清全部貨款。如果不結束關係，B 供應商的貨款會被 A 企業老壓著，A 供應商不下單，B 供應商也沒錢賺。讓 B 供應商覺得還不如結束關係收回貨款，另尋買家。

第二，尋求迅速公平的轉換方法，使「痛苦」降到最小。採購方要考慮供應商已經的投入，給出合理的賠償，爭取把損失降到最低。

第三，要清楚地列出供應商應該做那些。例如採購員告訴供應商，統計企業採購產品的庫存數量，正在生產的產品數量，以便採購員結算。

第四，認可供應商對企業的要求。例如供應商已經投產了一批企業所採購的產品，要求企業結清這批貨款，企業要盡可能地滿足供應商的這個要求。

第五，雙方共同確立轉換過程的合理時間表。例如，供應商確定交貨的時間、企業確定結款的時間。

第六，擬定「出清存貨合約清單」，回顧所有的細節，寫明雙方的職責與結束時間。企業一定要與供應商協商好結束的事宜、結束的時間，並簽署書面文件，不留後患。

十一、廠商與供應商之間的信用關係案例

美國本田公司在俄亥俄州的生產基地，與供應商保持長期關係並支持其發展。本田總成本的 80%都是外部採購——在全球汽車製造商中比例最高。它還把發展鄰近工廠的供應源作為一項策略，該策略加強了本田和供應商的緊密關係，使供應商發展更有可能成功，並保證了及時配送。本田的大部份產品只保持不到 3 小時的存貨。

1982 年，27 家美國供應商向本田共出售價值 1400 萬美元的零件。到 1990 年，175 家美國供應商共向其出售價值 22 億美元的零件。大多數供應商離裝配廠不到 150 英里。1999 年，俄亥俄州建立的本田工廠已有超過 90%的物品在當地採購，雖然有些物料仍需從日本購進。

本田的成功離不開強大的當地供應庫。本田有雄厚的實力發展本土供應商，這樣的供應商能嚴格滿足公司的績效標準。本田的目標是對供應商的採購量至少佔供應商總產量的 30%，甚至達到 100%。公司要與供應商之間創造一種彼此信賴的氣氛。有時，它會得到供應商的一小部份產權，這樣供應商會把它看為重要客戶。

本田對供應商的尊重使它與供應商之間能保持長久的信用關係。滿足本田標準的供應商就是其終身的供應商，即使供應商有暫時

的績效問題，本田也依然支持供應商。本田大規模的供應商改善和發展活動的一個主要目標是：創造和保持專一的供應庫以滿足本田公司的要求。本田提供不同的資源支援和發展使供應庫達到一流水準：

1. 有兩個專職人員幫助供應商培訓員工。

2. 採購部門有 40 個全職工程師共同幫助改進供應商生產率和品質。

3. 品質控制部門有 120 個工程師處理購進零件和供應商的品質問題。

4. 本田在部份領域為供應商提供技術支援，例如，塑膠技術、焊接、衝壓和鋁模具。

5. 根據需要，本田會組建專門的團隊幫助供應商。例如，一個供應商因規模快速擴大而導致品質下降。本田立刻組織一個人小組到供應商處工作 9 個月以幫助解決問題。

6.「品質提高」計劃的目標是那些品質差的供應商。本田直接與供應商的最高主管聯繫以保證供應商生產 100%的合格產品。

7. 本田人員要經常參觀供應商設備。在其他方面，本田會檢查每一個供應商的財務和業務計劃問題。

8. 本田制訂一個借貸官員計劃，就是它把部份主管派到供應商那工作，這加強了與供應商之間的理解和交流。

多數公司不願做出供應商發展和績效改進的承諾。不參與供應商管理的公司，不願提供供應商發展的必要資源。此外，一些供應商不接受本田提出的安全保障要求。例如，本田很少進行價格談判，相反，公司只提出目標成本並與供應商一起努力實現。本田公司對供應商的成本結構必須有一個細緻的瞭解。與一些獨立的美國供應商很難達到詳細的成本共用，這也是對於某些產品本田在美國發展自己供應源的

原因。

　　Donnelly 公司和本田公司間的關係就是很好的例子。本田 1986 年就選擇 Donnelly 公司為其美國出產的汽車生產所有的內部反光鏡。那時，Donnelly 公司是生產內部反光鏡的專家。幾年後，由於具有相同的文化和價值觀，雙方發展了密切的關係。本田請求 Donnelly 公司和它們一塊討論關於外部反光鏡的問題，而 Donnelly 公司不大瞭解這一領域。在本田的幫助下，Donnelly 公司建立了一個新品牌的工廠專門生產本田所需的外部反光鏡。Donnelly 公司與本田第一年的業務額為 500 萬美元，到 1997 年，已漲到 6000 萬美元。這種發展的努力要求兩個公司間有承諾，而不單是在採購和銷售人員之間。

　　美國多數規模較大的買方處於提供較少的對供應商開發支援和本田的支援水準之間。本田公司的例子對那些從事採購工作的人員很有意義。首先，供應商對多數公司的成功很重要。真正注意供應商績效改善需求很有意義。買賣雙方發展誠信的關係也很重要，尤其與提供主要產品的供應商。本田看到了本土一流供應商帶來的利益。其次，供應庫過大無法保證公司對供應商開發提供支援，沒有支援和發展成千上萬個供應商的足夠資源。最後，成功的供應商開發要求的不僅是口號和標準，它要求為開發項目的成功提供充分的資源。

　　雖然某些人認為本田的方式有些極端，但沒有人否認其在美國汽車市場上的成功。在美國俄亥俄裝配廠生產的汽車一直保持著較高的客戶誠信度，從而保持最高銷量。實際上，本田現在向日本出口一部份在美國生產的汽車。本田供應商發展和改進努力的成功使公司有著忠誠的客戶。

企業的核心競爭力，就在這裡！

圖 書 出 版 目 錄

憲業企管顧問（集團）公司為企業界提供診斷、輔導、培訓等專項工作。下列圖書是由臺灣的憲業企管顧問(集團)公司所出版，自 1993 年秉持專業立場，特別注重實務應用，50 餘位顧問師為企業界提供最專業的經營管理類圖書。

選購企管書，敬請認明品牌：**憲 業 企 管 公 司**。

1. 傳播書香社會，直接向本出版社購買，一律 9 折優惠，郵遞費用由本公司負擔。服務電話(02) 27622241　(03) 9310960　　傳真 (03) 9310961

2. 付款方式：請將書款轉帳到我公司下列的銀行帳戶。
   - 銀行名稱：合作金庫銀行（敦南分行）　帳號：**5034-717-347447**
   公司名稱：憲業企管顧問有限公司
   - 郵局劃撥號碼：**18410591**　郵局劃撥戶名：憲業企管顧問公司

3. 圖書出版資料每週隨時更新，請見網站 www. bookstore99. com

經營顧問叢書

25	王永慶的經營管理	360 元	135	成敗關鍵的談判技巧	360 元
52	堅持一定成功	360 元	137	生產部門、行銷部門績效考核手冊	360 元
56	對準目標	360 元	139	行銷機能診斷	360 元
60	寶潔品牌操作手冊	360 元	140	企業如何節流	360 元
78	財務經理手冊	360 元	141	責任	360 元
79	財務診斷技巧	360 元	142	企業接棒人	360 元
91	汽車販賣技巧大公開	360 元	144	企業的外包操作管理	360 元
97	企業收款管理	360 元	146	主管階層績效考核手冊	360 元
100	幹部決定執行力	360 元	147	六步打造績效考核體系	360 元
122	熱愛工作	360 元	148	六步打造培訓體系	360 元
129	邁克爾‧波特的戰略智慧	360 元	149	展覽會行銷技巧	360 元
130	如何制定企業經營戰略	360 元	150	企業流程管理技巧	360 元

152	向西點軍校學管理	360 元		235	求職面試一定成功	360 元
154	領導你的成功團隊	360 元		236	客戶管理操作實務〈增訂二版〉	360 元
163	只為成功找方法，不為失敗找藉口	360 元		237	總經理如何領導成功團隊	360 元
				238	總經理如何熟悉財務控制	360 元
167	網路商店管理手冊	360 元		239	總經理如何靈活調動資金	360 元
168	生氣不如爭氣	360 元		240	有趣的生活經濟學	360 元
170	模仿就能成功	350 元		241	業務員經營轄區市場（增訂二版）	360 元
176	每天進步一點點	350 元				
181	速度是贏利關鍵	360 元		242	搜索引擎行銷	360 元
183	如何識別人才	360 元		243	如何推動利潤中心制度（增訂二版）	360 元
184	找方法解決問題	360 元				
185	不景氣時期，如何降低成本	360 元		244	經營智慧	360 元
186	營業管理疑難雜症與對策	360 元		245	企業危機應對實戰技巧	360 元
187	廠商掌握零售賣場的竅門	360 元		246	行銷總監工作指引	360 元
188	推銷之神傳世技巧	360 元		247	行銷總監實戰案例	360 元
189	企業經營案例解析	360 元		248	企業戰略執行手冊	360 元
191	豐田汽車管理模式	360 元		249	大客戶搖錢樹	360 元
192	企業執行力（技巧篇）	360 元		252	營業管理實務（增訂二版）	360 元
193	領導魅力	360 元		253	銷售部門績效考核量化指標	360 元
198	銷售說服技巧	360 元		254	員工招聘操作手冊	360 元
199	促銷工具疑難雜症與對策	360 元		256	有效溝通技巧	360 元
200	如何推動目標管理(第三版)	390 元		258	如何處理員工離職問題	360 元
201	網路行銷技巧	360 元		259	提高工作效率	360 元
204	客戶服務部工作流程	360 元		261	員工招聘性向測試方法	360 元
206	如何鞏固客戶（增訂二版）	360 元		262	解決問題	360 元
208	經濟大崩潰	360 元		263	微利時代制勝法寶	360 元
215	行銷計劃書的撰寫與執行	360 元		264	如何拿到 VC（風險投資）的錢	360 元
216	內部控制實務與案例	360 元				
217	透視財務分析內幕	360 元		267	促銷管理實務〈增訂五版〉	360 元
219	總經理如何管理公司	360 元		268	顧客情報管理技巧	360 元
222	確保新產品銷售成功	360 元		269	如何改善企業組織績效〈增訂二版〉	360 元
223	品牌成功關鍵步驟	360 元				
224	客戶服務部門績效量化指標	360 元		270	低調才是大智慧	360 元
226	商業網站成功密碼	360 元		272	主管必備的授權技巧	360 元
228	經營分析	360 元		275	主管如何激勵部屬	360 元
229	產品經理手冊	360 元		276	輕鬆擁有幽默口才	360 元
230	診斷改善你的企業	360 元		278	面試主考官工作實務	360 元
232	電子郵件成功技巧	360 元		279	總經理重點工作（增訂二版）	360 元
234	銷售通路管理實務〈增訂二版〉	360 元		282	如何提高市場佔有率（增訂二版）	360 元

284	時間管理手冊	360 元
285	人事經理操作手冊（增訂二版）	360 元
286	贏得競爭優勢的模仿戰略	360 元
287	電話推銷培訓教材（增訂三版）	360 元
288	贏在細節管理（增訂二版）	360 元
289	企業識別系統 CIS（增訂二版）	360 元
291	財務查帳技巧（增訂二版）	360 元
295	哈佛領導力課程	360 元
296	如何診斷企業財務狀況	360 元
297	營業部轄區管理規範工具書	360 元
298	售後服務手冊	360 元
299	業績倍增的銷售技巧	400 元
300	行政部流程規範化管理（增訂二版）	400 元
302	行銷部流程規範化管理（增訂二版）	400 元
304	生產部流程規範化管理（增訂二版）	400 元
307	招聘作業規範手冊	420 元
308	喬・吉拉德銷售智慧	400 元
309	商品鋪貨規範工具書	400 元
310	企業併購案例精華（增訂二版）	420 元
311	客戶抱怨手冊	400 元
314	客戶拒絕就是銷售成功的開始	400 元
315	如何選人、育人、用人、留人、辭人	400 元
316	危機管理案例精華	400 元
317	節約的都是利潤	400 元
318	企業盈利模式	400 元
319	應收帳款的管理與催收	420 元
320	總經理手冊	420 元
321	新產品銷售一定成功	420 元
322	銷售獎勵辦法	420 元
323	財務主管工作手冊	420 元
324	降低人力成本	420 元
325	企業如何制度化	420 元

326	終端零售店管理手冊	420 元
327	客戶管理應用技巧	420 元
328	如何撰寫商業計畫書（增訂二版）	420 元
329	利潤中心制度運作技巧	420 元
330	企業要注重現金流	420 元
331	經銷商管理實務	450 元
332	內部控制規範手冊（增訂二版）	420 元
333	人力資源部流程規範化管理（增訂五版）	420 元
334	各部門年度計劃工作（增訂三版）	420 元
335	人力資源部官司案件大公開	420 元
336	高效率的會議技巧	420 元
337	企業經營計劃〈增訂三版〉	420 元
338	商業簡報技巧（增訂二版）	420 元
339	企業診斷實務	450 元
340	總務部門重點工作（增訂四版）	450 元
341	從招聘到離職	450 元
342	職位說明書撰寫實務	450 元
343	財務部流程規範化管理（增訂三版）	450 元
344	營業管理手冊	450 元
345	推銷技巧實務	450 元
346	部門主管的管理技巧	450 元
347	如何督導營業部門人員	450 元

《商店叢書》

18	店員推銷技巧	360 元
30	特許連鎖業經營技巧	360 元
35	商店標準操作流程	360 元
36	商店導購口才專業培訓	360 元
37	速食店操作手冊〈增訂二版〉	360 元
38	網路商店創業手冊〈增訂二版〉	360 元
40	商店診斷實務	360 元
41	店鋪商品管理手冊	360 元
42	店員操作手冊（增訂三版）	360 元
44	店長如何提升業績〈增訂二版〉	360 元

45	向肯德基學習連鎖經營〈增訂二版〉	360 元
47	賣場如何經營會員制俱樂部	360 元
48	賣場銷量神奇交叉分析	360 元
49	商場促銷法寶	360 元
53	餐飲業工作規範	360 元
54	有效的店員銷售技巧	360 元
56	開一家穩賺不賠的網路商店	360 元
58	商鋪業績提升技巧	360 元
59	店員工作規範（增訂二版）	400 元
61	架設強大的連鎖總部	400 元
62	餐飲業經營技巧	400 元
64	賣場管理督導手冊	420 元
65	連鎖店督導師手冊（增訂二版）	420 元
67	店長數據化管理技巧	420 元
69	連鎖業商品開發與物流配送	420 元
70	連鎖業加盟招商與培訓作法	420 元
71	金牌店員內部培訓手冊	420 元
72	如何撰寫連鎖業營運手冊〈增訂三版〉	420 元
73	店長操作手冊（增訂七版）	420 元
74	連鎖企業如何取得投資公司注入資金	420 元
75	特許連鎖業加盟合約（增訂二版）	420 元
76	實體商店如何提昇業績	420 元
77	連鎖店操作手冊（增訂六版）	420 元
78	快速架設連鎖加盟帝國	450 元
79	連鎖業開店複製流程（增訂二版）	450 元
80	開店創業手冊〈增訂五版〉	450 元
81	餐飲業如何提昇業績	450 元

《工廠叢書》

15	工廠設備維護手冊	380 元
16	品管圈活動指南	380 元
17	品管圈推動實務	380 元
20	如何推動提案制度	380 元
24	六西格瑪管理手冊	380 元
30	生產績效診斷與評估	380 元
32	如何藉助 IE 提升業績	380 元

46	降低生產成本	380 元
47	物流配送績效管理	380 元
51	透視流程改善技巧	380 元
55	企業標準化的創建與推動	380 元
56	精細化生產管理	380 元
57	品質管制手法〈增訂二版〉	380 元
58	如何改善生產績效〈增訂二版〉	380 元
68	打造一流的生產作業廠區	380 元
70	如何控制不良品〈增訂二版〉	380 元
71	全面消除生產浪費	380 元
72	現場工程改善應用手冊	380 元
77	確保新產品開發成功（增訂四版）	380 元
79	6S 管理運作技巧	380 元
85	採購管理工作細則〈增訂二版〉	380 元
88	豐田現場管理技巧	380 元
89	生產現場管理實戰案例〈增訂三版〉	380 元
92	生產主管操作手冊(增訂五版)	420 元
93	機器設備維護管理工具書	420 元
94	如何解決工廠問題	420 元
96	生產訂單運作方式與變更管理	420 元
97	商品管理流程控制(增訂四版)	420 元
102	生產主管工作技巧	420 元
103	工廠管理標準作業流程〈增訂三版〉	420 元
105	生產計劃的規劃與執行(增訂二版)	420 元
107	如何推動 5S 管理（增訂六版）	420 元
108	物料管理控制實務〈增訂三版〉	420 元
111	品管部操作規範	420 元
113	企業如何實施目視管理	420 元
114	如何診斷企業生產狀況	420 元
117	部門績效考核的量化管理（增訂八版）	450 元
118	採購管理實務〈增訂九版〉	450 元
119	售後服務規範工具書	450 元

120	生產管理改善案例	450 元
121	採購談判與議價技巧〈增訂五版〉	450 元
122	如何管理倉庫〈增訂十版〉	450 元
123	供應商管理手冊(增訂二版)	450 元

《培訓叢書》

12	培訓師的演講技巧	360 元
15	戶外培訓活動實施技巧	360 元
21	培訓部門經理操作手冊（增訂三版）	360 元
23	培訓部門流程規範化管理	360 元
24	領導技巧培訓遊戲	360 元
26	提升服務品質培訓遊戲	360 元
27	執行能力培訓遊戲	360 元
28	企業如何培訓內部講師	360 元
31	激勵員工培訓遊戲	420 元
32	企業培訓活動的破冰遊戲（增訂二版）	420 元
33	解決問題能力培訓遊戲	420 元
34	情商管理培訓遊戲	420 元
36	銷售部門培訓遊戲綜合本	420 元
37	溝通能力培訓遊戲	420 元
38	如何建立內部培訓體系	420 元
39	團隊合作培訓遊戲(增訂四版)	420 元
40	培訓師手冊（增訂六版）	420 元
41	企業培訓遊戲大全(增訂五版)	450 元

《傳銷叢書》

4	傳銷致富	360 元
5	傳銷培訓課程	360 元
10	頂尖傳銷術	360 元
12	現在輪到你成功	350 元
13	鑽石傳銷商培訓手冊	350 元
14	傳銷皇帝的激勵技巧	360 元
15	傳銷皇帝的溝通技巧	360 元
19	傳銷分享會運作範例	360 元
20	傳銷成功技巧（增訂五版）	400 元
21	傳銷領袖（增訂二版）	400 元
22	傳銷話術	400 元
24	如何傳銷邀約（增訂二版）	450 元
25	傳銷精英	450 元

為方便讀者選購，本公司將一部分上述圖書又加以專門分類如下：

《主管叢書》

1	部門主管手冊（增訂五版）	360 元
2	總經理手冊	420 元
4	生產主管操作手冊（增訂五版）	420 元
5	店長操作手冊（增訂七版）	420 元
6	財務經理手冊	360 元
7	人事經理操作手冊	360 元
8	行銷總監工作指引	360 元
9	行銷總監實戰案例	360 元

《總經理叢書》

1	總經理如何管理公司	360 元
2	總經理如何領導成功團隊	360 元
3	總經理如何熟悉財務控制	360 元
4	總經理如何靈活調動資金	360 元
5	總經理手冊	420 元

《人事管理叢書》

1	人事經理操作手冊	360 元
2	從招聘到離職	450 元
3	員工招聘性向測試方法	360 元
5	總務部門重點工作（增訂四版）	450 元
6	如何識別人才	360 元
7	如何處理員工離職問題	360 元
8	人力資源部流程規範化管理（增訂五版）	420 元
9	面試主考官工作實務	360 元
10	主管如何激勵部屬	360 元
11	主管必備的授權技巧	360 元
12	部門主管手冊（增訂五版）	360 元

給總經理的話

　　總經理公事繁忙，還要設法擠出時間，赴外上課進修學習，努力不懈，力爭上游。

　　總經理拚命充電，但是員工呢？

　　公司的執行仍然要靠員工，為什麼不要讓員工一起進修學習呢？

　　買幾本好書，交待員工一起讀書，或是買好書送給員工當禮品。簡單、立刻可行，多好的事！

工廠叢書 ⑫③　　　　　　　　　售價：450 元

供應商管理手冊（增訂二版）

西元二○○九年六月	一版一刷
西元二○一三年十月	一版二刷
西元二○一六年七月	一版三刷
西元二○二三年十二月	增訂二版一刷

編著：秦啟佑　任賢旺

策劃：麥可國際出版有限公司（新加坡）

編輯：蕭玲

校對：劉飛娟

發行所：憲業企管顧問有限公司

電話：(02) 2762-2241　　(03) 9310960　　0930872873

電子郵件聯絡信箱：huang2838@yahoo.com.tw

銀行 ATM 轉帳：合作金庫銀行　帳號：5034-717-347447

郵政劃撥：18410591　　憲業企管顧問有限公司

江祖平律師顧問：紙品書、數位書著作權與版權均歸本公司所有

登記證：行政業新聞局版台業字第 6380 號

本公司徵求海外版權出版代理商 (0930872873)

本圖書是由憲業企管顧問（集團）公司所出版，以專業立場，
為企業界提供最專業的各種經營管理類圖書。

圖書編號 ISBN：978-986-369-118-1